UNREAD

[法] 尼古拉斯·科尔蒂斯

[法] 罗曼·乔利维

[法] 让-亚瑟·奥利维

[法] 亚历山大·舒伯内尔 著

[法] 多纳西安·玛丽 绘

西希 译

目瞪口呆看地球

la terre

À L'ŒIL NU

天津出版传媒集团

天津科学技术出版社

著作权合同登记号：图字 02-2021-176

Originally published in France as:
La Terre à l'oeil nu by Nicolas Coltice, Romain Jolivet, Jean-Arthur Olive & Alexandre Schubnel
Illustrated by Donatien Mary
© CNRS Editions 2019
Current Chinese translation rights arranged through Divas International, Paris
巴黎迪法国际版权代理 (www.divas-books.com)
Simplified Chinese edition copyright © 2021 by United Sky (Beijing) New Media Co., Ltd., Beijing

图书在版编目（CIP）数据

目瞪口呆看地球 /（法）尼古拉斯·科尔蒂斯等著；
（法）多纳西安·玛丽绘；西希译. -- 天津：天津科学
技术出版社，2021.11
　　ISBN 978-7-5576-9717-4

　　Ⅰ. ①目… Ⅱ. ①尼… ②多… ③西… Ⅲ. ①地球物
理学 - 普及读物 Ⅳ. ①P3-49

中国版本图书馆CIP数据核字（2021）第197281号

目瞪口呆看地球
MUDENGKOUDAI KAN DIQIU

选题策划：联合天际·边建强
责任编辑：刘磊

出　　版：	天津出版传媒集团
	天津科学技术出版社
地　　址：	天津市西康路35号
邮　　编：	300051
电　　话：	（022）23107822
网　　址：	www.tjkjcbs.com.cn
发　　行：	未读（天津）文化传媒有限公司
印　　刷：	北京雅图新世纪印刷科技有限公司

关注未读好书

未读 CLUB
会员服务平台

开本 710毫米 × 1000毫米　　1/16　　印张10.25　　字数117 000
2021年11月第1版第1次印刷
定价：49.80元

前言

　　顶尖的科学家将带领我们完成一次名副其实的地心之旅，我们将借此机会重新发现地球。在纷繁的证据与假说中，我们既能领略地球有形可感的一面，也能了解它抽象的一面。得益于"二战"期间资源的倾斜，地球物理学获得了迅猛的发展。等到研究框架搭建起来之后，研究地球的专家首先向我们阐释地球为何会大发雷霆。从各类火山活动，尚无法准确预测的地震，到板块构造活动，我们将逐步理解"万物皆动，才能不动"。中途，我们将稍稍休息，从空中眺望地球，地球的第一张照片诞生至今已超过50年。接着，我们将尽可能地潜入地球深处，依次了解地幔、地核以及组成地球的各种天然矿物或地外矿物。这部关于地球的史诗将在我们对无尽宇宙的遥望中结束，地球重新回到它在系统中的位置，我们也应重新审视人类自身的处境，因为我们是地球人这一点，至少暂时不会改变。

1

原子弹爆炸为研究地球打开了新篇章

1945年7月16日5点30分，美国新墨西哥州沙漠某处的大地震颤了一下："三位一体"核试引爆了世界上第一颗原子弹。爆炸释放出相当于5级地震的能量，掀起的巨浪把人类推进了一个新时代。有史以来第一次，人类颤动了这颗星球，同时产生了自己无所不能的幻觉。地球物理学家本是研究地球的内部构造、组成元素和原子特征的专家，但在1945年7月16日这一天，研制出原子弹的他们，对原子自身结构的认识超过了地球动力学。在接下来的几十年里，他们不断深入研究这个领域。

测量地幔的原子弹设计师

1945年7月28日，美国哈佛大学地球物理学副教授阿尔伯特·弗朗西斯·贝切（Albert Francis Birch）抵达提尼安岛。小岛位于太平洋上的北马里亚纳群岛之中。把他带上小岛的飞机载有原子弹"小男孩"的铀核。贝切不仅参与了原子弹的大部分设计，还将在"伊诺拉·盖伊"轰炸机的机舱里监督炸弹的组装。8月6日，这架轰炸机将在广岛上空投放"小男孩"。策划第二次人造地震的弗朗西斯·贝切是一位研究岩石受力的专家，曾师从诺贝尔物理学奖得主珀西·布里奇曼（Percy Bridgman）。后者经过多年试验，首次在实验室条件下获得1 GPa大小的压力（相当于我们在地下30千米处所受的压力），并据此推算地核处压力的大小。显然，操纵极端条件的能力对设计原子弹大有裨益。然而，直到"曼哈顿计划"结束，返回哈佛大学之后，贝切才陆续在1947年至1952年发表文章指出，地球从地表到地下2 900千米深的地方（相当于地壳加地幔）主要由硅酸盐组成。硅酸盐是一类由轻元素组成的矿物，然而根据天体力学，我们可以估算出地球的质量非常大，这就需要证明地核由重元素组成。我们将在第八章提到，贝切找到了表明地核几乎完全是由铁合金组成的证据。地球有着自己独特的矿物结构。

用铀给地球定年龄

1945年，年仅23岁的化学家克莱尔·帕特森（Claire Patterson）已是质谱测定方面的专家。质谱测定是一种根据重量测算相对原子质量的方法。战争期间，他在田纳西州的橡树岭国家实验室度过了大部分时光。美军在这里从重水

曼哈顿计划

"曼哈顿计划"不仅是"二战"期间最重要的科学项目之一，更因夷平广岛和长崎成为最具毁灭性的军事项目。7年间，来自世界各地的军人和学者会聚纽约，多为躲避纳粹的迫害。他们携手合作，研制一种杀伤力无出其右的武器。包括法国、英国和德国在内的不少国家自20世纪30年代就开始此项研发。由于担心德国在核武器研制的赛道上拔得头筹，美国政府在"曼哈顿计划"中倾注了大量资源。

和铀中提取和生产原子弹所需要的钚。虽然中子轰击能让铀转化成钚，但自然状态下广泛分布且具有放射性的铀会极其缓慢地衰变成铅。而帕特森知道可以用母体元素铀和子元素铅的数量比来测定过去的时间，原理与沙漏计时类似。通过精确计量岩石里铀和铅的含量，我们就能知道岩石形成的时间，这类研究被称为同位素地质年代学。战后，帕特森开始在芝加哥大学完成有关地球定年的学位论文。论文任务比原本计划的复杂得多，主要是因为发动机使用的汽油向空气中排放了大量额外的铅，干扰了测定结果。于是，他在实验室安装了一套独立通风系统，还首次提出了"净室"的概念。如今，"净室"已经成为电子技术领域和纳米技术领域的标配和规范。1956年，也就是在"三位一体"核试11年之后，克莱尔·帕特森对"代亚布罗峡谷陨石"进行了定年。该陨石来自美国亚利桑那州的一个与地球同龄的巨型陨石坑。帕特森不仅确定了陨石的年龄，更由此确定了地球的年龄：45.5亿年！

发现大陆漂移的能量之源

1913年，英国地质学家阿瑟·霍尔姆斯（Arthur Holmes）在《地球的年龄》一书中陈述了地质年代学的基本原则。但直到1946年，他才通过比较铀同位素的相对丰度，测定出地球的年龄在45亿年左右。这不仅比帕特森为地球定年早了十年，还不用测定铅元素的含量。1944年，霍尔姆斯另一部长销不衰的作品《地质学原理》出版，影响了整整一代学子。他在书中迈出了革命性的一步，声称地球内部的放射性衰变所释放的热量会引发对流运动：深埋于地下的滚烫岩石会上升至地表，如同锅里烧的热水一样上涌，冷却的岩石则在自身重

同位素

同一化学元素的不同核素互为同位素，它们具有相同质子数和电子数，但中子数各异。铀3种同位素，每一种都具有放射性。它们的中子数介于125至150不等，核子数（质子和中子数量之和）在217至242之间。放射性同位素可以用来定年，它们在自然状态下随着时间的流逝会转变成其他同位素。借助质谱仪测出同位素的含量我们可以算出岩石的年龄。碳14（有14个核子）转变成氮14需要大约5 700年，而铀238转变成铅206需要45亿年，这也就是地球的年龄。

力影响下下沉。固态的岩石以肉眼无法觉察的速度不断涌动，形成岩石流，使各个大陆板块在地球上漂移，这就是我们如今所知的"板块构造"理论。然而彼时只有为数不多的人支持大陆漂移说，阿瑟·霍尔姆斯便是其中之一，因为他知道放射是地球的动力来源。战争结束之后，大陆漂移说仍然只是一个古怪而极富争议的想法，因为没有人知道它的原理。在此基础上诞生的板块构造理论，将经过两个阶段创立起来。

另外，"二战"时盟军强迫商船在航行时测量海洋水深，测量数据统一集中至纽约哥伦比亚大学。年轻的地质学家玛丽·撒普（Mary Tharpe）和准备博士论文的布鲁斯·希曾（Bruce Heezen）利用这些数据绘制了一幅海床图。几年间，人们发现北大西洋中部绵延着一条前所未见的火山链。我们将在第二章拜访此地。宏伟壮观的火山链位于水下5 000至6 000米深的深海平原，最高可达深海平原以上3 000米，从冰岛南部一直延伸到葡萄牙附近的亚速尔群岛，甚至可能更远……随后，中大西洋、南大西洋、太平洋和印度洋的海床地图接

9.5
级地震

1960年5月22日

智利瓦尔迪维亚

人类有史以来统计在案的最强烈的
地震

9.2
级地震

1964年3月27日

阿拉斯加

人类史上第二强烈的地震，在太平
洋上形成了破坏力极强的海啸

8.7
级地震

1965年2月3日

阿拉斯加老鼠岛

引发海啸

9
级地震

2011年3月11日

日本东北地区

地震引发的海啸掀起37米高的巨浪，
导致18 000人死亡，另有160 000人
从福岛核电站附近区域永久撤离

连发布：这条十年前还无人知晓的火山链其实环绕了地球一周。1948年，身为海洋学家、地球物理学家和地震学家的莫里斯·尤因（Maurice Ewing）推测，正是这条褶皱上的火山活动造就了这些大洋。因洋底火山活动而不断生成的海床推动了大陆的漂移，海洋扩张理论由此诞生。

搭建全球标准地震台网

更令人意想不到的是，地震学家本诺·古登堡（Beno Gutenberg，加州理工学院地震实验室主任，地核的发现者）和查尔斯·里克特（Charles Richter，震级的创立者）在1941年共同发表了一篇研究地球地震活动的文章。他们根据仪器的探测结果指出，地球上的地震活动主要集中在几个区域。地震检波器在战后仍然很少见，更严重的是，仪器的时钟都没有同步。在这种情况下，该如何精准地测量地震波到达的时间并定位地震呢？

美国地震学界于是部署了一张能够覆盖整个地球的标准化台站网络。出乎意料的是，第一份核不扩散条约为他们带来了机会，因为核爆炸与自然界的地震差别不大。从20世纪60年代初开始，美国便着手搭建全球标准地震台网（World Wide Seismic Station Network）。他们在五十多个国家设立了台站，地震台网迅速在全世界铺开。

安装在全球各大学里的台站，将收集到的数据发送到位于美国新墨西哥州的阿尔伯克基地震实验室，并可被自由获取。人们发现地球上的地震活动集中沿断层线分布，划分出大面积相对平静的地区——构造板块从地震图上呼之欲出。自1967年起，圣迭戈的丹·麦肯锡（Dan Mckenzie）和纽约的杰森·摩根智利发生的9.5级地震是人类迄今为止记录下的最强烈的地震。这场地震释放的能量相当于1906年以来统计在案的全部地震能量的1/5。（Jason Morgan）分别提出了板块构造的概念。1968年，一位法国人第一次提出描述多个板块以年均数厘米速度位移的板块构造理论模型，他就是萨维尔·勒·皮雄（Xavier Le Pichon）。

20世纪60年代是全球动荡不安的十年，地球物理学界同样如此。1960年5月22日，智利爆发了9.5级地震，震中位于瓦尔迪维亚附近。地震以每秒3千米，也就是每小时1万千米的速度沿智利位于太平洋沿岸的断层扩散，长度接近1 000千米。也正是在这一天，人类遭遇了有记录以来最为严重的地震。单单这一场地震释放的能量就占到1906年以来统计的全部地震（从人类步入现代以来探测到的旧金山大地震开始算起）能量的1/5。毁天灭地的海啸波及整片大洋，造成了数以千计的死亡和上亿的损失。1964年3月27日，太平洋发生了新的地震。这一次，阿拉斯加遭受了9.2级地震的袭击，是有仪器记录以来人类观测到的第二强烈的地震。之后，1965年2月3日，还是在阿拉斯加，老鼠岛发生了8.7级地震。两次地震均引发了蔓延全太平洋的海啸。

区分人为地震和自然地震

后来，美国国防部开展了一系列试验，以确定并记录人为爆炸产生的地震信号的特征，这样就可以将之与自然地震区分开来。美军选择了老鼠岛群岛中的阿姆奇特卡岛为试验地点。1965年10月29日，也就是地震发生8个月之后，美军进行了第一次核试"远投"。第二次核试"米尔罗"的威力是"三位一体"

的50倍，它还激起了与阿拉斯加相邻的加拿大英属哥伦比亚省居民的强烈不满。美军的核试引发了地震和海啸，还有人们的恐慌。将近7 000人汇聚在美国和加拿大哥伦比亚省的交界处抗议示威，他们手持标语，上面写着："别再兴风作浪了，如果地壳断层发生变化，那都是你们惹的祸。"随后，"别兴风作浪"委员会（Don't Make A Wave Committee）在温哥华诞生。

　　美军对此充耳不闻，继续准备接下来的"坎尼金"核试验。1971年秋，"别兴风作浪"委员会租了一艘小船前往岛上阻止，但美军的军舰和糟糕的天气迫使小船折回。当委员会的另一艘船驶向阿姆奇特卡岛时，美军决定将爆破"坎尼金"的计划提前一天。500万吨当量的"坎尼金"核试，是"小男孩"威力的400倍，也是美军有史以来进行的最强烈的地下核试验，引发了7级大小的地震。这一行为招致全世界的批评，美军只好取消继续在阿拉斯加进行试验的计划。"别兴风作浪"委员会好歹算扳回一局，并在1972年更名为"绿色和平"。

> 美军进行的核爆破试验引发了地震和海啸，还有人们的恐慌。一场近7 000人参与的示威活动促使"别兴风作浪"委员会诞生，即绿色和平组织的前身。

　　40年之后，也就是在2011年3月11日，东京时间下午2点46分，距日本本土200千米附近的海域发生了一场地震，震级高达9级。数以千计的电话、摄像头、地震台站和GPS记录下了这头怪兽发作的瞬间。一小时之后，整个世界将会目睹高达37米的巨浪吞没了18 000条生命，福岛核电站也未能幸免。21世纪的第一场核灾难举世皆惊，16万人被迫永久转移。这次地震会因福岛之名为历史所铭记，因为它颠覆了绿色和平组织令人生畏的预言。人类炸弹的威力尚不足以引发强烈的地震，但大自然的强烈地震轻易便能彻底抹去人类的历史。

45.5亿年：

地球形成至今的时间

火山：能制造末日，也能孕育海洋与生命

法语中，"火山"（volcan）一词源自罗马神话中居住在埃特纳火山深处的天神伏尔甘（Vulcain）。埃特纳火山位于意大利西西里岛，是欧洲最大的火山。在罗马诸神中，伏尔甘是掌管火的神祇，朱庇特之子，自朱诺股中诞生，往往与生育之神玛雅、以圣火为象征的炉灶以及火种之神维斯塔联系在一起。罗马人会在夏天结束之时庆祝火神节，庆祝活动从每年的8月23日开始，持续一周。公元1世纪时，维苏威火山的爆发让庞贝城葬身火海，同时也让这个节日家喻户晓。当然，火山不只会带来末日惨景，还带来了大气、海洋乃至生命。

庞贝城：火光、白昼与黑夜

大约两千年前，也就是公元62年2月8日，庞贝城附近的那不勒斯湾地区爆发了一场地震。维苏威火山就坐落于其上，但未能引起人们的担忧。古罗马作家老普林尼论及地震时写道，此地"经常发生地震，这几次地震并不特别令人担心"。然而，从40多万年前开始，这一地区就是欧洲大陆地质活动最活跃的地方。他会想到大地的这一次突然震颤将引发罗马帝国时代最剧烈的火山爆发吗？公元79年8月20日，该地区的地震活动越发强烈，此前一直平静的维苏威火山正在酝酿，附近城市和乡野里的泉眼、水井也都逐渐枯竭……

8月24日下午，就在人们欢庆火神节之际，维苏威火山的南翼坍塌。耀眼的发光云，超过1 000摄氏度裹挟着浮石的炽热气体吞没了庞贝城和赫库兰尼姆城。火山口冒出灼热的火山灰，笔直地升向天空，直抵平流层，高度超过12千米，并在大气中扩散。整个地区隐没在黑暗之中。"现在是白天，可周围漆黑一片，比任何夜晚都要浓重的黑暗笼罩着这里，强烈的火光照亮了黑暗。"亲历火山爆发的小普林尼在一艘前来救援当地居民的船上记录下当时的场景。几个月之后返回此地的人们将看到一座被6米深的浮石掩埋的城市。直到18世纪，庞贝古城和化作石雕的城中居民才终于重见天日，令人窒息的热浪摧毁了古城里的一切。自然仿佛神奇的摄影师，将这座罗马帝国的小城永远定格在了公元79年8月这两天的末日时刻（一些考古学家质疑该日期）。

残忍死神——火山灰

地中海地区的历史不乏普林尼式猛烈的火山喷发。在大约三千六百年前的青铜时代，一场火山喷发摧毁了基克拉泽斯群岛中的锡拉岛，即后来的圣托里尼。这次火山喷发一直被视为人类已知的最具毁灭性的自然灾难，喷射出的岩石覆盖方圆40千米至60千米的区域，仿佛2/3的勃朗峰瞬间化为乌有。随着火山喷发一起涌出的还有超过30千米高的火山灰，它们的痕迹在地中海沿岸随处可见，甚至格陵兰岛的冰层里也有发现。喷出的岩石如此之多，火山口因难以支撑而坍塌，形成了直径超过数千米的破火山口。塌陷引发的海啸一路吞没克里特岛，直抵土耳其。人们有时会把米诺斯文明的终结归咎于这次喷发。在一些考古学家眼中，这次喷发可能摧毁了亚特兰蒂斯文明，另一些则认为它或许也是古埃及十大灾难的肇因。因此，从古典时代开始，火山就成了萦绕在学者心头的阴影。生活在公元前5世纪的哲学家恩培多克勒将火山与火联系在一起。之后，柏拉图认为宽阔的火焰之河邱里普勒格顿孕育了地球上的所有火山。亚里士多德在《天象论》中提出，火是物质初期的形态，在堕入狭窄通道时受风的吹拂而变化。这个被称为"普纽玛"的理论将火山、地震和风联系在一起，西方世界直到文艺复兴结束都普遍这样认为。

普林尼式火山喷发

普林尼式火山喷发命名自小普林尼。发生此种喷发的火山会喷出极度黏稠的岩浆，很难形成熔岩流。

破火山口

火山爆发形成的巨大碗状凹陷。

恩培多克勒

恩培多克勒是来自西西里岛的古希腊哲学家、工程师、医生。他生活在公元前5世纪，属于最早开始探究宇宙本源的前苏格拉底学派。恩培多克勒的独特之处在于他提出宇宙由两种循环往复的原始原质统治：爱和斗争。从中衍生出组成一切物质的四种元素：水、土、火和气。

世界末日，火山爆发

1798年4月，德国博物学家和探险家亚历山大·冯·洪堡在巴黎结识了植物学家埃梅·邦普兰。1799年6月，两人起程前往南美洲，开始探险之旅。在加那利群岛，洪堡登上了人生中的第一座活火山——大西洋的最高峰泰德峰（3718米）。在安第斯山脉，他们先后登上了现今哥伦比亚最活跃的普拉塞火山（4756米）和厄瓜多尔的皮钦查火山（4784米），但攀登科托帕希火山（5897米）和钦博拉索山（6263米）的努力均告失败。1804年8月，洪堡回到欧洲，并于第二年来到那不勒斯。他曾数次攀爬维苏威火山，大多在1805年火山爆发期间。1822年，洪堡在多洛米蒂山看到了一块花岗岩，才终于确信1788年詹姆斯·赫顿（James Hutton）在《地球理论》中提出的"火成论"是正确的。地表之下存在大量岩浆，它们通过火山管道与火山相连。如果岩浆喷出地表，它就会凝固成像玄武岩一样的火山岩。如果岩浆在地球深处冷却，就会结晶形成如花岗岩一般由大晶体组成的颗粒状岩石，受剥蚀作用的影响暴露在地表。矿物的成分会在热量和压力的作用下发生变化。洪堡，这位达尔文眼中"有史以来最伟大的科学探险家"，于1845年发表了他里程碑式的作品《宇宙》。洪堡在书中统计了全世界400多座火山，并注意到它们在地理上的分布绝非偶然。通常情况下，比如在安第斯山脉，火山呈链状分布。

> **火成论（Plutonisme）**
> 认为岩石来源于火山活动的理论。

1841年，一座火山观测台在维苏威火山落成。到1883年为止，维苏威火山是被科学家，也就是日后的火山学家研究得最多的火山。同年5月，分隔爪哇

岛和苏门答腊岛的巽他海峡上的一座火山苏醒了，位于如今的印度尼西亚。在这座9千米长、5千米宽，名为喀拉喀托的小岛上，波博瓦坦火山口喷出大量气体和火山灰。那一年的夏天，地震活动日益强烈，火山喷发愈发频繁。根据普林尼的描述，8月14日仍有船只在白天穿过这片被黑暗遮蔽的区域。真正的末日景象始于当地时间8月26日下午1点，一声响亮的爆炸哪怕在距离火山50千米以外的地方也能听见，之后是一连串更为猛烈的爆炸，一直持续到下午5点。伴随着爆炸声喷涌而出的还有大量火山灰，遮蔽了喀拉喀托方圆160千米的区域，整个地区陷入一片黑暗。8月27日上午10时，一次普林尼式爆发将10立方千米至20立方千米的岩石喷入平流层，释放的能量相当于广岛核爆炸的1.3万倍，也是人类历史上威力最大的热核试验——苏联"沙皇炸弹"（Tsar Bomba）的4倍。爆炸发出的声音响彻荷属东印度地区，连4 000千米以外的澳大利亚和罗德里格斯岛也能听见。爆炸产生的冲击波环绕地球数圈，被法国的气象仪和潮汐记录仪连续五天探测到。接连不断的巨浪，高度可达海平面上40米，吞噬了区域里的岛屿。火山灰遮天蔽日，蔓延到80千米高的地方，因反射太阳光致使全球气温骤降0.6摄氏度。据估计，全球气候用了差不多5年才恢复正常。

火山学家用爆发指数对火山喷发进行分级，火山爆发指数量化了火山喷发时喷入大气中的物质体积。由此，维苏威火山、喀拉喀托火山和圣托里尼火山的喷发分别被定义为阵发性普林尼式火山爆发（指数5）、巨型超普林尼式火山爆发（指数6）和超巨型超普林尼式火山爆发（指数7）。统计数据显示，全世界大约每隔五十年就会发生一次指数为5的喷发，每隔一百多年发生一次指数为6的喷发，每隔一千多年发生一次指数为7的喷发。不过，目前地球表面约有1 500座包括岛屿火山和大陆火山在内的活火山，其中大多分布在著名的环太平洋火山带。海底火山数量更多，统计工作尚未完成。在过去的两千年里，有500座地表火山爆发，平均每周就会发生一次。幸运的是，并非每次喷发都是世界末日。

火山也会手牵手出现

地球上的岩浆主要源自橄榄岩的部分熔融。作为母岩的橄榄岩是地幔的主要组成成分。板块构造活动和地幔对流运动在推动岩石运动的同时也在转移热量，有时会使岩石部分熔融，这些石头像热气球一样从地幔深处缓慢上升，形成火山热点。热点是单个独立的火山，刺破地壳显露在外，黄石、乞力马扎罗、留尼汪、夏威夷等地的火山皆属此类。与此相对的是，大洋中部常有连绵不断的火山，沿着大型洋底断层也就是大洋中脊分布。大洋地壳在此隆起，以每年几厘米的速度撕裂。大自然不喜欢留白，于是拉伸产生的裂缝瞬间被一边熔化一边上升的滚烫岩石填充。这些洋脊孕育了占地球表面70%的海床。最后，沿着洋脊有时会找到热点，比如大西洋洋脊上的冰岛，或者东非大裂谷、印度洋与红海洋脊三重交界处的阿法尔，这些地方的热点往往与洋脊的火山活动结合在一起，十分壮

橄榄岩

橄榄岩是存在于上地幔中的重要岩石。它是一种岩浆岩，又被称为火成岩。组成洋壳和陆壳的大部分岩石皆是如此。橄榄岩主要由构成火成岩和变质岩的常见成分橄榄石和辉石组成，其余矿物成分会因地幔当时的压力、温度和水化条件而异。

俯冲

俯冲指大洋板块弯曲陷入另一板块之下，并沉入地幔的过程。太平洋板块俯冲至南美洲板块之下就属这种情况。

俯冲可能会引起爆炸式的火山喷发，连绵不绝的地震，还能形成山脉。当大洋板块与大陆板块相撞，密度更高的大洋板块会滑向大陆板块的下方，并陷入地幔深处。日本、智利、加勒比，以及克里特岛皆属此类。海沟是俯冲带典型的地貌特征，比如最深处超过10千米的马里亚纳海沟。

由于大洋板块会拖曳大陆板块，海洋一旦消失，两侧大陆板块就会发生猛烈碰撞，将海洋封入其中。阿尔卑斯山脉和喜马拉雅山脉等巨型山脉都是海洋被缝合形成的创口。

宁静式喷发

宁静式火山喷发指从火山口涌出的熔岩大部分都沿着火山表面流淌。与向大气喷射出碎块状熔岩的爆炸式喷发不同，热点火山的喷发形式多为宁静式喷发。

岩浆

岩浆指在地球内部的高温高压下熔化了的岩石，由融解的气体、液体、挥发性物质和固体颗粒组成。岩浆冷却之后，会转变为两种岩石：仍位于地表之下的称作深成岩，涌出地表的就变成了熔岩。

观。由此塑造出的奇异地貌，令人恍如置身于外星。

导致岩石熔融的另一个因素是水，它也是俯冲火山形成的原因，在地中海、加勒比、印度尼西亚和环太平洋火山带等地都能看到。受自重的影响，处于俯冲过程中的大洋板块会带着含水矿物结构中储存的大量以固态形式存在的水沉入地幔。板块在地幔中越陷越深，温度随之升高，结晶水就会被释放出来。水在上方板块的地幔中上涌会使橄榄岩部分熔融，就像我们向糖块上泼热水一样，下陷板块释放的水越多，部分熔融就越剧烈。

可别把岩浆和熔岩弄混了

岩浆不仅仅是由熔融的岩石组成，它是一种复杂的混合物，由熔岩或熔融的橄榄岩、溶解在其中的气体、正在形成中的晶体，以及从流经的岩石捕获来的包体构成。岩浆比橄榄岩密度小，受重力作用沿岩浆房所在地壳上升，直至

达到吃水线。岩浆房是储存岩浆的场所，类似岩石构成的海绵，岩浆汇集于此并在此冷却。

如果岩浆经过岩浆房不停留，那它就几乎不会分化，它的温度也更高（1 200摄氏度），流动性极强，因为岩浆中富含铁、磁性物质和溶解性气体。如赤焰般在火山的斜坡上流淌的玄武岩便来源于此。2018年，夏威夷岛发生过一次壮观的宁静式喷发，熔岩如泉水一般从火山口溢出，令人叹为观止。某些火山会形成沸腾的露天熔岩湖，在埃塞俄比亚的尔塔阿雷火山、刚果的尼拉贡戈火山以及南极洲的埃里伯斯火山都能看到。火山在宁静喷发时释放出的水蒸气和二氧化碳其实多于玄武岩，因为就像气泡推动香槟冲出酒瓶，正是这些气体推动岩浆涌向地表。

在火山之下，岩浆房深处，至少还有10倍之多的玄武质岩浆正缓慢结晶形成一种具有粒状结构的岩石——辉长岩。洋壳和陆壳的深部主要由这种岩石组成。一直留在岩浆房里的岩浆将会冷却，它们富含硅和挥发份，因而比一开始形成的黏稠岩浆的密度小。当它们上升时，如果气体找到了通向地表的通道，熔岩就会变成流纹岩。流纹岩是一种淡紫红色的火山岩，或被称为流纹斑岩。若未涌出地表，则会形成或呈粉色的花岗岩。

若通道被堵住，岩浆就会粉碎岩石，

玄武岩

"玄武岩"（basalte）一词借自拉丁语单词basaltes，可能源于埃塞俄比亚语中表示"黑色岩石"的术语。它是一种火山岩，由快速冷却的岩浆形成，矿物成分主要包括辉石和橄榄石。地球上的玄武岩来自火山，是洋壳的主要成分之一。月球上的玄武岩构成了月海的表面。它同时也是火星、金星和水星外壳的重要成分。

液态

橄榄岩		1 200 ℃
辉长岩	玄武岩	
闪长岩	安山岩	900 ℃
花岗岩 （侵入岩或深成 岩浆岩）	流纹岩 （喷出岩或火山 岩浆岩）	600 ℃

固态

流纹岩

"流纹岩"一词由希腊语中表示"流动"（rheîn）和"石头"（lithos）的词缀构成。若非火山岩，我们可能会把它与花岗岩弄混。流纹岩是由岩浆冷却形成的火成岩，富含二氧化硅，具有流纹构造。它也有完全玻璃质的变种，如黑曜石。

花岗岩

花岗岩是一类深成火成岩。只有当覆盖物被侵蚀后，它们才会显露出来。花岗岩由石英、长石（一种具有玻璃光泽的板条状矿物，在地壳中非常丰富）、云母以及其他矿物组成。花岗岩不易变质，是一种上乘的建材。天然花岗岩在布列塔尼地区分布广泛，因其耐久稳定，过去常被用来建造宗教建筑、灯塔和支石墓。

自己开辟道路。随之而来的就是漫长的地震活动，在此期间，气体上升得越来越慢，岩浆在上升的同时也会变得更加黏稠。随着整个系统开始冷却，压力开始增大，火山成了一颗定时炸弹。当山体的某一面因压力塌陷时，如庞贝城，或近期的马提尼克岛的培雷火山（1902年）和美国的圣海伦斯火山（1980年），发光云或者说火山碎屑流（一种由气体、火山灰和火山熔岩形成的混合物），就会沿着火山坡汹涌而下，速度可达每小时700千米。但是，如果堵得很深，那么整座火山就会因为岩浆的快速减压而坍塌。

根据火山学家的汇总和分类，在过去的100万年里，至少发生过5次指数为8的所谓末日超普林尼式喷发。其中规模最大的一次，是距今约7.5万年前苏门答腊岛（在今印度尼西亚）的多巴山喷发，粉碎了近2 500立方千米的岩石，威力是喀拉喀托火山喷发的50倍。整个东南亚被15厘米厚的火山灰覆盖。而喷射到平流层的火山灰，我们能在格陵兰岛和南极冰盖中找到。全球气温因此下降了3至5摄氏度，至少持续了10年之久。20世纪90年代以来，有一种颇具争议的人类学理论认为，火山喷发造成的火山冬天和资源匮乏使人口大幅减少。人口的骤降或许导致了能够用来解释人属动物遗传多样性较低的遗传"瓶颈"效应。如今，多巴山上只剩下一道疤痕，一个100千米长的宁静湖泊占据了破火山口。

火山活动：地球大气与海洋的主要来源

从行星的尺度看，100万年算不了什么，但就地球火山喷发的频率而言，这是很长的一段时间。人属动物应该历经过数次毁灭性的火山喷发造成的气候周期性变化，并且幸存了下来。

但人类能否经受住火山气候灾难之最，也就是暗色岩的形成呢？玄武岩在地球漫长生命的一瞬倏然扩散开去。全世界共有十几个这样的暗色岩系，被厚达两千米的玄武岩覆盖，面积超过100万平方千米（是法国面积的两倍），仅仅形成于几百万年间。而其中形成时间最晚（6 500万年前）又最出名的是德干暗色岩，因为人们常把恐龙的灭绝以及导致超过90%的物种消失的大灭绝归咎于它。对火山灭绝说构成有力挑战的是小行星撞击论，它也能很好地解释白垩纪时期动物几乎全部消失的生态灾难。

不过，比较明显的是，其他暗色岩的形成年代与古生物学家描述的大多数大灭绝很吻合。特别是西伯利亚暗色岩，它是地表面积最大的暗色岩区域（500万平方千米）。人们认为正是它的形成导致了已知最大规模的生物灭绝，即发生在2.5亿年前的二叠纪—三叠纪危机。在此期间，95%的海洋物种和70%的大陆物种消失殆尽。2013年，一支研究团队估计，这个由玄武岩层和浮石层交替构成的西伯利亚暗色岩系在形成时需排放约8万亿吨的二氧化碳，而目前大气中的二氧化碳含量为3.2万亿吨。

暗色岩的起源仍然比较神秘，人们认为它与几亿年来从地幔和地核交界处升起的巨大地幔热柱有关。在实验室的数字模型中，热岩流状似牛奶，在接近地球表面时，会形成大量暗色岩中凝结的固态熔岩。现今的某些热点火山（夏威夷、冰岛、凯尔盖朗、黄石……）只不过是它们的遗存。这些在地球生命的尺度上持续片刻的火山活动远非世界末日，它们不仅催生了地壳，还通过浓缩大量矿物元素使地壳变得肥沃。火山活动是地球大气和海洋的主要来源，因而也是生命的源头。

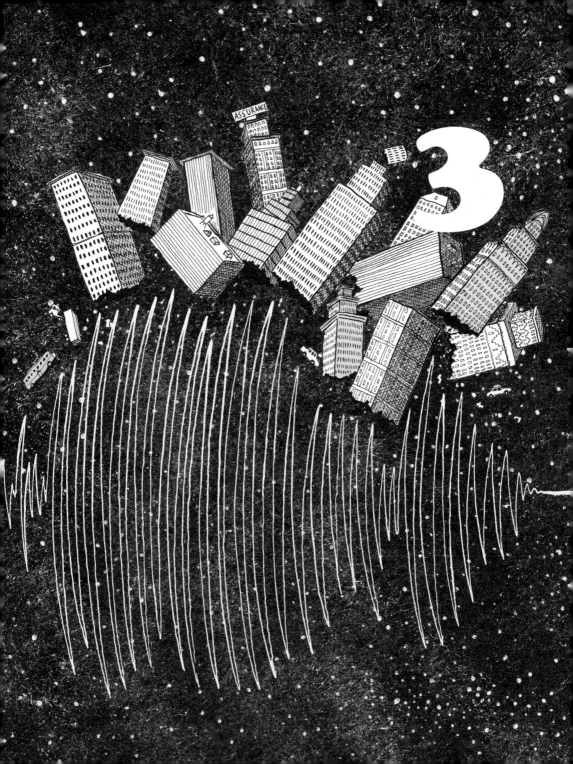

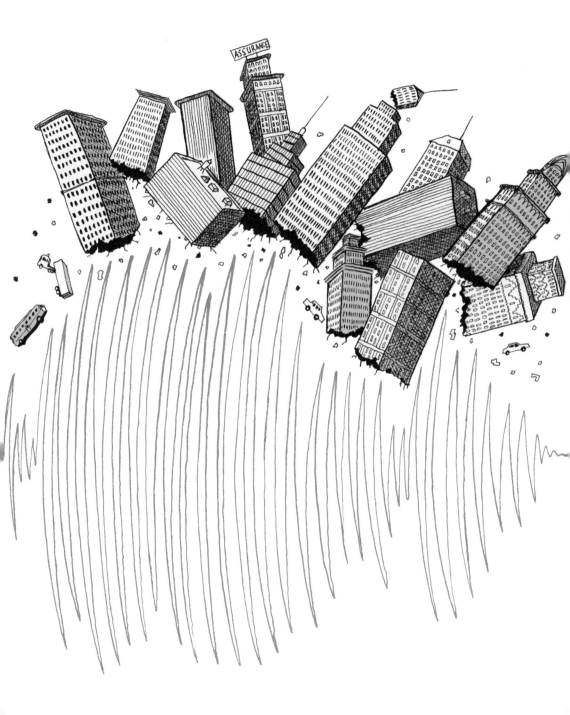

3 地震：来自地壳
内部的难解之谜

受板块构造持续运动的影响，地壳突然释放存储了几十年甚至上百年的能量，就会发生地震。岩石的摩擦阻力使弹性能量被储存起来，而断层的突然滑动会将它们释放。这种滑动随时发生，毫无预兆，还将产生贯穿地球的地震波。尽管接近震源的地震波摧毁性极强，但人们可以利用地震波探测地球的深度。还有一些断层滑动既不会产生断裂，也不会产生具有破坏力的地震波。为什么有些滑动很温和，另一些却毁天灭地呢？为什么过去会发生这类地震，未来还会发生吗？为什么地震会发生在这里？尽管科学家们倾尽心血，但这些谜团仍待解开。

断层：地震制造工厂

亚里士多德在"普纽玛"理论中把地震和风联系在一起。塞涅卡则认为水蒸气是导致地震的原因。皮埃尔·伽桑狄神父，同时也是启蒙时代的数学家、哲学家和天文学家，首次提出地球内部热量的燃烧和爆炸带来了地震。到了18世纪，人们认为闪电带来了地震：闪电袭击地球后将被储存在地壳中，电能积蓄过多就会不可避免地发生地震。1755年波士顿地震之后，人们甚至声称正是本杰明·富兰克林安装的避雷针接收闪电，才导致当地地震活动日益频繁。

直到19世纪末，科学家才开始从地质角度探究地震的成因。1891年浓尾地震之后，日本科学家小藤文次郎意识到在地球表面观察到的断裂呈直线排列并形成了断层。他追踪贯穿水稻田的地表断裂，并注意到如果去测量断层沿线灌溉渠的偏移，每一处的偏移量应该都相同。他由此提出，水鸟断层并非此次地震的结果，而是它的成因。很快，用板块构造理论解释地震的原因流行了起来。目前，人们认为，地震大多源自板块构造运动，受地壳的机械应力作用。地壳的应力最终会因断层断裂而释放。

15年之后，也就是1906年，美国旧金山爆发了一场7.9级的大地震，80%的城市建筑毁于一旦。据统计，死亡人数为700人至3 000人，无家可归的难民在公园里安营扎寨，一住就是好多年。燃气管道在地震中断裂，不经意间就引发了火灾，火灾造成了地震中最严重的损失。一位母亲在准备早餐时点燃了最严重的一场火灾，人们戏谑地称为"火腿和鸡蛋之怒"。面对肆虐的大火，人们试图像扑灭燃烧的石油井那样用炸药平息火灾，但这除了加剧火势之外，毫无用处。当时，旧金山正逐渐成为美国西海岸的经济中心，但这场地震打破了一切，反倒切实促进了洛杉矶的发展，使太平洋沿岸的商贸活动从加州北部向南部转移。如今，洛杉矶已是加州最大的都市。

在这场惨绝人寰的灾难之后，美国地质勘探局（USGS）开始测绘著名的圣安德烈斯断层，也就是本次地震的源头。断层长达400千米，南起旧金山湾，北至加州北部的门多西诺。约翰·霍普金斯大学的哈利·菲尔丁·里德教授（Harry Fielding Reid）在测量托马莱斯湾一处牧场篱笆的偏移后灵光乍现：这处牧场距旧金山北部几十千米远，之所以篱笆在地震中断裂，还产生了几米的错位，是因为之前几年里大陆板块的持续运动让它们扭曲。弹性回跳理论从此诞生。试想一下，你持续拉伸一根皮筋，一定时间之后，皮筋就会断掉，这就是地震。但问题在于，你知道皮筋随时会断，你的表情也会随着皮筋被不断拉伸而渐趋狰狞，然而你不知道皮筋究竟会在何时断开！如今，令人遗憾的是，我们离准确预测地震只有一步之遥。日本福冈地震就是近期发生的一个例子。

板块运动：造成地震的罪魁祸首

日本和加利福尼亚在地质条件上有一个共同之处：两者均位于板块交界处。这些坚硬的板块组成了地球的表面。在地幔对流的推动下，地壳板块发生移动、相互摩擦、彼此远离、复而接近，板块之间还会发生滑动。两个相互靠近的板块会形成挤压，俯冲带就属此类情形，更加致密的板块会沉入另一块板块下方的地幔。两个板块的交界处会发生水平滑动，几乎不会出现垂直滑动。两块大陆板块如若相撞，剧烈程度堪比国道上相向疾行的汽车彼此碰撞，加利福尼亚圣安德烈斯断层和土耳其北安纳托利亚断层带即属此例。两块板块若彼此远离，板块交界处的地壳将逐渐变薄并被撕裂，非洲东部和大洋中部的情况正是如此。裂谷，也就是塌陷后产生的巨型峡谷，就是这种拉伸在地质上的鲜明表现。

在板块中央，也就是远离板块边缘的地方，似乎相对平静一些，比如巴黎地区。但板块交界处的情形与此截然不同。因为在距地球表面15千米至50千米深的地方，岩石冰冷、坚硬而破碎。于是，地幔缓慢而持续的运动转变成不连贯的快速颠簸，从而引发了板块交界处——断层的地震。两次地震之间，互相接触的岩石间的摩擦阻力遏制了断层的运动。但由于板块一直在持续地运动，板块边缘仍在扭曲并积蓄弹性能量。一旦能量积蓄过多，断层就会突然破裂滑动，由此释放出部分能量。这一简单模型被称为"弹性回跳理论"，解释了我们在活动断层区观察到的现象。两次地震之间，构造应力不断累积。地震爆发时，具有弹性的地壳发生回弹，将应力释放出去。

震中附近的地震波威力无穷，会造成极其严重的破坏。地震波犹如向水中投入一枚石子之后在水面扩散的波纹，会随着距离的增加而减弱。

岩石具有的弹性还可以用来解释为何我们能够感知并测量发生在数百甚至上千千米以外的地震。试想一下，如果你敲击弹簧的一端，产生的波会沿着弹簧的圆环扩散至另一端。地震波的原理与此类似。地震发生时，断裂会沿断层两侧迅速蔓延数百千米，形成在弹性地壳中扩散的地震波。震中附近的地震波威力无穷，会造成极其严重的破坏。因此，如果发生了一场大地震，震中又距离我们很近，我们在地震波通过时就无法站稳。地震波犹如向水中投入一枚石子之后在水面扩散的波纹，会随着距离的增加而减弱。这种衰减在岩石中极其微弱，这样地震波就能向地壳、地幔甚至地核中扩散，位置极深。超过5级的地震甚至可以在对跖点探测到。最强烈的地震产生的地震波能环绕地球好几圈，最敏感的地震检波器连续几天都能探测到。

用地震波给地球做扫描

地震学家运用地震波探测地球内部的构造，就像对地球做超声波扫描。他们发现了地球内部圈层的交界面，并以他们的名字命名：分隔地壳与地幔的莫霍洛维奇不连续面，或称"莫霍面"，距地表深度约30千米（会根据位置变化）；分隔地幔与地外核的古登堡不连续面，深度约2 900千米；还有分隔液态地外核和固态地内核的雷曼不连续面，深度约5 100千米。地震波还告诉我们，自20世纪60年代以来，地球就一直处于振动之中。在连续不断的地震作用下，地球内部的每一个圈层都在持续振动，仿佛一排分别按各自的音叉振动的编钟。21世纪初，人们发现，就连海浪、风和风暴都会振动地球内部圈层，合奏出"嗡嗡"之音。

震级：衡量地震威力的指标

地震学家用震级来衡量地震的大小。如今，我们称为矩震级，因为它取决于用来衡量地震所释放的弹性能量的地震矩。借助矩震级，我们能对地震进行相互比较。矩震级诞生自20世纪70年代，在修正了20世纪初地震学家查尔斯·里克特制定的震级后被确定下来。里氏震级对应的是距离震中100千米处记录的波幅大小，不是那么准确，故而不再使用。就像被折断的尺子所释放的弹性能量取决于尺子的大小一样，地震的震级直接由发生断裂的断层面积决定。前15千米至20千米深的大陆地壳具有弹性，而更深处的岩石变得像橡皮泥一样具有延展性，并且可以流动，因而无法积累应力，地震也就无法传播到更深的地方。相反，从水平方向看，断层断裂的部分可以和断层本身一样长。

7.9级地震，也就是1906年旧金山地震的等级，相当于在400千米长、15千米至20千米宽的断层上发生5米至10米的滑动。1960年5月22日的瓦尔迪维亚大地震是有史以来最强烈的地震，它以每秒3千米的速度传播，覆盖了长达1000多千米，宽达60多千米的区域。相当于一个面积大致和爱尔兰相等的地区，在几分钟内滑动了20多米。那次地震最后被定为9.5级，但由于震级是对数，地震释放的弹性能量实际上比旧金山地震大了近250倍。

板块并非地震唯一成因

然而，如果只有前20千米深的地壳具有弹性，为何地震影响如此之广？这是因为造成地震的断层近似水平，倾角只有10°~15°。智利的海岸不仅向西移动了20米，还上升了近5米。在俯冲带，若地震使洋底发生垂直位移，大量的水会随之位移，形成滔天巨浪或海啸，它们将穿越大洋，淹没海岸。在2004年印尼地震中，数千千米的断层线破裂，自苏门答腊岛的南部向北部扩散，使海底位移数米。这场9.1级地震引发的海啸横跨印度洋，吞噬了印度尼西亚、孟加拉国、印度、马达加斯加甚至遥远的埃塞俄比亚沿岸。

小级别地震也会造成毁灭性的影响。2009年，意大利拉奎拉地区发生了一系列地震，其中最强烈的地震只有6.3级，相当于一条长几十千米、宽10千米到20千米的断层滑动了几十厘米。但震中恰好位于一个人口密集的地区，建筑材料抗震性不强。由于这样的地震在意大利百年难遇，当地居民并没有形成与地震有关的集体记忆，也没有采取防范措施。然而，地震等级的规律

> 若地震使洋底发生垂直位移，大量的水会随之位移，形成滔天巨浪或海啸，它们将穿越大洋，淹没海岸。

有迹可循。通过测量震级，我们发现地球上每年都会发生1次8级地震、10次7级地震、100次6级地震……这个著名的等级定律被命名为古登堡—里克特定律，由这两位来自加州理工学院的地震学家在1956年提出。

由此我们可以看出地震断层构造复杂。大部分时间里，断层都被闭锁。数百万年来，为了适应板块活动，断层引发了许多地震，其中小地震多于大地震。如今，我们已经知道，地震先发生于某处，接着沿断层传播，最后止于某处，其范围决定了震级大小。在地震发生前知道地震的起止点可以帮助我们预测地震。

非抗震材料

不同材料的抗震能力与硬度无关，关键在于它的抗折断能力，好比橡树和芦苇。当地震波经过砖墙时，砖墙会因无法弯曲而断裂。木屋虽然会晃动、摇摆，甚至开裂，但能更好地抵御地震波的冲击。日本城市中心耸立的高塔，建造在千斤顶上，与地面脱离，因此在地震波的冲击下只会振荡而不会倒塌。意大利很少发生地震，人们对地震没有太多记忆，拉奎拉以大块条石建造的房屋和教堂已经为此付出了代价。

不是所有断层都会造成地震

过去的20年里，人们发现断层并不都是闭锁的，闭锁与否会随着时间的推移而变化。1960年，美国地质调查局的工程师来到旧金山南部的一个葡萄园，那里有一个酒窖发生了偏移。但由于并未发生地震，保险公司拒绝支付维修费用。加利福尼亚大学教授卡尔·V. 斯坦布鲁格（Karl V. Steinbrugge）认为，圣安德烈斯断层能够缓慢地进行局部非地震性滑动，不会产生地震波。他还提到这个现象涉及的范围很小。然而，几年后，来自伦敦帝国理工学院的希腊地震学家尼古拉斯·安布拉塞斯（Nicholas Ambraseys）在土耳其考察北安纳托利亚断层带的大地震遗迹时，趁火车在伊斯梅特帕萨站的一次意外停留，注意到了一个有意思的错位现象：建于12年前的围墙已断为两截，两部分错位24厘米。由于没有震感，他得出结论，北安纳托利亚断层以每年2厘米的速度发生非地震性滑动，接近于该处板块运动的速度。如果断层以板块运动的速度滑动，就无法积累弹性能量。然而，1943年，此地发生过一次7.3级的地震……

因此，在地震断层中，一部分会发生非地震性滑动，另一部分在大部分时间里都被闭锁并将在地震中断裂，还有一部分兼而有之。由于地表会发生形变，这些都能被测量到，因为在断层活动自如的地方，地面不会发生形变，诸如日本和智利的俯冲带的某些区域以及圣安德烈斯断层中部。同样，在缓慢发生的地震中，断层带会释放应力。滑动会持续数周乃至数月，在此期间构造应

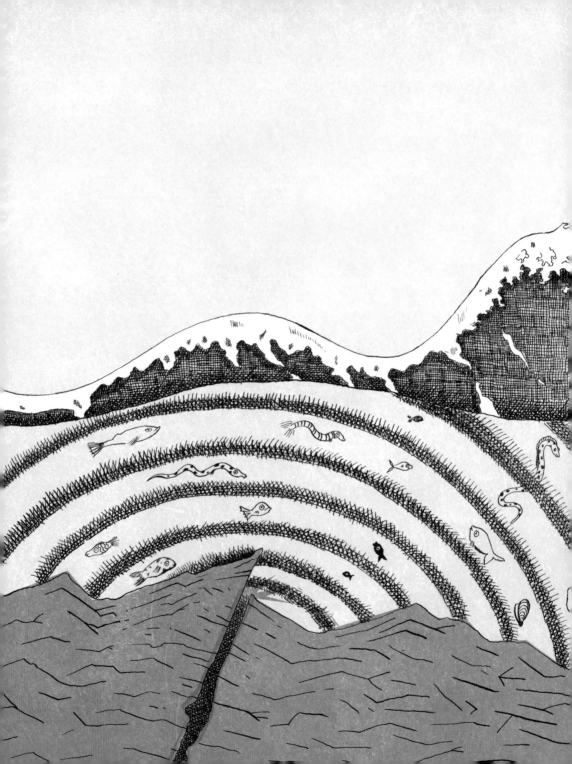

力将被释放，却不会产生地震波。加拿大西部或日本部分地区的俯冲带地震就属于这种情况。

还有一种地震……

若这些区域没有闭锁，或者在缓慢地释放压力，就不会发生形变，就算发生也非常细微。因此，确认这些区域可以为今后可能会发生的地震提供宝贵的信息。应该把两次大地震之间的大型地震断层看作凹凸不平的路面，应力将在此累积，还有一部分一直进行缓慢的非地震性滑动，而其他部分则会在每一次缓慢的地震中释放应力。似乎大地震常发生在过去被闭锁的区域，但这些区域好像也在悄然滑动。为什么会这样？什么时候会发生？我们仍一无所知……地震也会发生在没有测量到任何形变的区域，也就是构造板块的中央，比如美国的新马德里和最近的博茨瓦纳。在没有能量积累的情况下，要如何释放能量？目前人们提出了几种假说，但谜团仍待解开。

> 地震断层中的一部分会发生非地震性滑动，一部分在大部分时间里都被闭锁并将在地震中断裂，还有一部分兼而有之。

还有一些比较奇特的地震。其中最神秘的要数在超过500千米深的地方发生、传播和停止的地震，如1994年玻利维亚8.2级地震，震源深度达650千米。地震学家认为，这类地震与橄榄石的转化有关。与石墨在地下150千米深处的压力作用下会变成金刚石一样，作为上地幔主要成分的橄榄绿色矿物橄榄石，在地下500千米深的地方会转变成一种名为"尖晶橄榄石"的蓝色矿物，两者化学成分相同，但后者密度更大。最近，地球物理学家的实验室实验表明，在深部俯冲带的压力和温度作用下，矿相的转变伴随着断裂的传播和地震波的扩散。这些地震在某种程度上证明了地幔在变色时会发生振动。

我们能够预测地震吗？

为什么地震会在某一时刻发生，而不是在另一时刻？为什么地震会在这里停下而不是那里？这么多的问题，我们暂时无法一一回答。1999年土耳其伊兹米特地震爆发之前，地震检波器记录下了不断重复发生的微弱地震，它们全都发生在同一个地方，彼此一模一样。在主震前的一个小时内，地震的数量呈指数级增长。这种现象被解释为地震成核阶段的标志。如果能检测到成核阶段，我们就可以预测即将到来的地震，并提醒当地居民做好准备。遗憾的是，人们花了好多年对地震相关数据进行研究，才有了此项发现。2014年智利伊基克8.1级地震发生前，GPS站记录下了一次延续数周的地震活动。其间发生过中级地震，最高达6.5级。今天我们认为，这就是伊基克地震的成核阶段。然而，除非大地震真的发生，否则我们无法区分这只是一次普通的地震活动，还是一场破坏性地震的成核阶段，因为两者没有明显的区别。我们该如何预测地震呢？目前，答案很简单：就算有科学的方法，我们也无法预测地震。

板块交界处的运动造成了灾难，但我们永远无法避免，必须学会与之共存。日本和智利的抗震建筑能将生命损失降到最低，尽管如此，我们还是会经常想起诸如福岛之类的灾难。因此，设法预测地震是很自然的事情。对成核期的研究表明，更多的观测能使我们系统地探测到成核期。然而有些地震并非如

成核

人们在最新的物理模型中提出了地震成核这一阶段。断层在这个阶段开始滑动，并不断加速，直到无法停止。随后，地震就会发生，并发射地震波。在为数不多，一只手就能数完的案例中，我们注意到，这个阶段及其持续时间极难预测，但探测到它们就能向民众预警。

目前，关键问题仍未得到解答。是不是所有地震都有一个缓慢且可探测的成核阶段？我们该如何提前甄别缓慢无害的地震和作为破坏性地震前兆的成核期？该如何系统地观测这些成核阶段？

此……问题依然悬而未决。目前的研究重点是使用类似气象预报的技术或人工智能技术来推动我们对地震的预测。虽然理应看到我们会在未来取得进步，但现在我们应当铭记时任加州理工学院地震实验室主任本诺·古登堡的话语，他在1947年这样写道："对（地震的）日期、时间和地点进行专门预测的人要么是业余爱好者，要么为了哗众取宠，要么相信神秘力量，要么纯粹是个傻瓜。"

4 板块构造与气候：
相互影响、难解难分

大陆板块的地壳岩石圈比大洋板块的轻，更难陷入地球内部，因此大陆板块的历史更为悠久。其间，若板块相撞，便会形成连绵的群山。水的侵蚀作用塑造着山脉的形态，而气候则深刻地影响着地表。然而，通过干扰洋流或改变大气成分，陆地也会对气候产生影响。很难说究竟是谁影响了谁⋯⋯

板块构造

板块构造理论描述并阐释了地球表面的演化过程，特别是陆地与海洋的位置变化，并揭示了地表起伏变化的关键。起初，板块构造理论建立在人们所能观察到的地表变化基础之上。自GPS出现之后，板块构造的变化能以年为单位被直接观测到。

放射定年

我们可以利用元素的放射性进行定年，原理类似沙漏。具有放射性的原子发生衰变，如同沙漏上半部分逐渐清空。而沙漏的下半部分被衰变后产生的新的原子填满。由此，我们可以对历史或史前时期的生物遗存进行定年，最常用的是碳14定年法。放射性定年法可以确认如地球一般古老的岩石、珊瑚或火山熔岩的年龄，可定年范围从几百年到几十亿年不等。科学家们拥有许多用来定年的同位素。

对星球最初时刻的罕见记录

地质构造板块组成了覆盖整个地球的巨大拼图，由地幔最上部最为坚硬的部分构成，受到挤压或拉伸时会破裂。这些板块拼图约有100千米厚。当黏稠地幔开始晃动，垂悬于地幔之上的构造板块也随之运动。从上方俯视，板块拼图组成了世界地图。某些拼图色深而均匀，暴露了均质的玄武岩或沉积岩外壳，那便是被大洋覆盖的大洋地壳。还有一些拼图包含低潮高地和形成不久的隆起，米色、绿色或白色点缀其间。那里的地壳看起来更像丙烯颜料厚涂而成的画作，有30多千米厚。这种非常不均匀的地壳形成了大陆块，会随着承载它们的整个构造板块在水平方向上移动，仿佛被浮冰困住的冰山。大陆板块虽然庞大却很轻盈，即便逐渐衰老，也绝不会变重，更不会沉入地幔。大洋板块则不然，两亿年后注定要沉入地幔。大陆板块因此经历了地球表面40多亿年的演化。除了见证地表变迁，它还受到气候变化的影响，同时也在推动气候的变化。气候变化过去曾塑造了地球的面貌，并将一直如此。

让我们前往澳大利亚内陆深处，寻访这片大陆刚刚诞生时的痕迹。20世纪80年代末，科学家在杰克山区干旱的山丘中发现了名为锆石的微小矿物。由于锆石中含有放射性元素，科学家们测定出它们形成于约43亿年前。锆石的化学成分表明它们来源于花岗岩浆的结晶，与形成当今地壳的岩浆有诸多相似之处。只需熔化一小块地幔，可能事先还要加点水，就能获得基础款的花岗岩浆。今天，在大洋边缘的俯冲带，这一过程仍在继续。冰冷、致密的大洋板块陷入地幔，随着压力的不断增加，板块就会脱水。释放出来的水，密度很小，会与下沉板块上方的热地幔发生水化作用，地幔就会熔化。由此生成的岩浆上升至地表，凝固成花岗岩。随着时间的推移，侵入的花岗岩一点一点堆积起来，一块陆地因海洋的消退而逐渐显现。在杰克山区发现的花岗岩浆表明这一过程可以追溯到43亿年之前，发生在宇宙星尘聚集形成地球的两亿年之后。

这类对我们星球最初时刻的记录非常罕见，因为如此古老的岩石很少能保存至今，它们往往被侵蚀消解，或遁入难以企及的深处。因此，我们很难知道是不是所有构成陆地的原料都是在地球形成之初的10亿年里迅速形成的，它们是否随着地质年代的更迭不断累加？有些读者可能会提出反对意见，因为陆地并不都是由刚刚结晶形成的美丽花岗岩组成的，还有变质岩和沉积岩的混合物。然而，它们与花岗岩多少有些关系。例如，花岗岩在地表之下约10千米深的地方被炙烤和挤压之后，就会变成片麻岩。片麻岩由长石、石英和云母组成，中央高原就有分布。被侵蚀的花岗岩分崩离析，碎粒聚集在一起就会形成砂岩和砂，我们可以在枫丹白露和孚日山区找到它们。除了沉积岩之外，生活在浅水中的生物所具有的外壳也会形成钙质沉积物，豪斯曼建造巴黎所用岩石就属此类。因此，大陆地壳被不断重塑，变成了一种复杂的嵌合物，能够反映出大陆的演变过程和此地生命的演化史。此外，让大陆板块从地表"消失"也并非易事，大陆板块往往太轻，无法俯冲下沉。然而，岩浆岩有时会大量凝聚，使大陆地壳局部增厚，对地壳底部造成相当大的压力，改变了地壳的矿物学组成。大陆的最深处就变得比下方地幔更致密，于是这一部分便会断裂脱

> 大陆地壳被不断重塑，变成了一种复杂的嵌合物，能够反映出大陆的演变过程和此地生命的演化史。

离，沉入地球内部。目前，许多研究人员致力于理解大陆地壳产生、变化和损毁过程的相对重要性，以便重建大陆的早期历史。

山脉并非坚不可摧，比如在水面前

大陆的轻盈决定了它的长寿，同时也让其稳定在平均海平面之上。近半数的大陆表面高度位于海平面和海拔 1 千米之间，只有 1% 位于海拔 4 千米以上，

动能

动能是指物体因运动而具有的能量，等价于物体从静止到运动所需的功。由此我们可以推断出，物体在一定时间内动能的变化等于外力对它施加的功。

$$E = \frac{1}{2}mv^2$$

比如阿尔卑斯或喜马拉雅等大型山脉。大洋板块发生俯冲运动，与之相连的大陆板块最终与另一块大陆板块相撞，形成了这类山区。大陆地壳碰撞后变厚，如同两块橡皮泥被压在一起。例如，在喜马拉雅山脉的下方，印度板块嵌入欧亚板块，地壳在地壳根区域的厚度达到70千米。地壳根比周围的地幔轻，如同浮子支撑起整个地壳，形成隆起。山脉不过是这些深层结构暴露在外的部分，犹如冰山露出水面的一角。我们将这种现象称为"地壳均衡"，能够用来解释青藏高原的平均海拔（5千米）。更重要的是，它还能解释构造板块的水平运动如何通过陆地隆起在垂直方向上的位移表现出来。两块大陆的碰撞还能形成巨大的断层，比如标志着喜马拉雅山脉前端的主前缘逆冲断层。断层将这部分陆地整块抬起，如喜马拉雅山，并使之在其他区域的上方滑动，如恒河平原，山脉的重压使这些区域下陷，大型断层从而促进了高原和盆地的分化。

　　隆起通常不太稳定。我们将一个小球提至空中，松手后小球便会落下，与此类似，山脉因其高度会储存势能，而势能最终要以动能的形式释放出来，使山体回到稳定状态，即一个完全平坦的大陆，或是一个在地面静止的球。幸运的是，对于登山者来说，大陆岩石足够坚固，在形成山脉所需的数千万年时间里，不会因自身重量坍塌。另外，在风和水各种形式的快速侵蚀作用下，地貌不停地被重塑。在高海拔地区，冰川化身为刨子，刨出宽阔的平底山谷，同时搬运大量侵蚀碎屑，即冰碛。在低海拔地区和或温带更温和的区域，河流是隆起遭受侵蚀的主要原因。雨水为小溪提供水源，小溪沿山坡流下，最终汇合到一起，形成更加宽阔、流量更大的河流。河流裹挟着从山上冲刷下来的岩石碎

片冲击河床，剥离出新的岩石碎片。河流就这样剥蚀山体，同时运走由此产生的碎石。山两侧的坡度变得平缓，碎石在此堆积起来。由于沉积物较难搬运，河流剥蚀的力度减弱。较粗的碎块沉积在山脚下，而较细的颗粒则继续向广阔的平原甚至海洋进发。流淌在地表之上的水会通过化学反应破坏岩石。由于储存了大气中的部分二氧化碳，水会酸化，能够溶解石灰岩，之后，这些地方就会像奶酪一样千疮百孔。上萨瓦省的普拉泰沙漠中纵横交错的裂隙就是这一过程产生的溶沟。酸性水还能破坏硅酸盐岩，将它们变成黏土。一般情况下，水首先

在风和水各种形式的快速侵蚀作用下，地貌不停地被重塑。在高海拔地区，冰川化身为刨子；在低海拔地区，河流是隆起遭受侵蚀的主要原因。

对岩石进行机械或化学侵蚀，接着搬运并清理蚀变产物（颗粒或溶解物），因此，侵蚀作用能将山顶的物质重新分配到平原。

侵蚀作用与构造活动携手共舞

　　大陆有点像漂浮在黏稠地幔上的一只装满货物的船。侵蚀隆起相当于卸船，地壳的均衡作用使地壳的吃水线上升。大型构造断层也会促使地壳的抬升，使深处的岩石浮出地表。年轻的山峰就这样不断更新。地质学家发现，磷灰石和锆石（又是它！）等矿物内部藏着这一机制的隐秘线索。这些矿物都含有微量放射性元素，比如铀，后者在衰变的过程中会使晶体开裂。只要矿物是热的，裂缝就会很快愈合消失。但晶体在山链内部上升时，接近地表就会冷却，低于一定的温度，就会停止愈合。矿物的损坏程度随着铀的衰变不断加

大陆有点像漂浮在黏稠地幔上的一只装满货物的船。侵蚀隆起相当于卸船，使地壳的吃水线上升。

剧。通过计算裂缝的密度，我们可以确定锆石在距地表十几千米深的地方，温度降至200摄氏度以下需要多长时间。这种方法被称为热年代学，它揭示了岩石上升的速度通常在每年1毫米左右。若侵蚀作用正好补偿了构造运动的抬升，山脉的平均高度将不再发生变化，于是形成了我们所说的地貌平衡。快速增长的高地似乎可以达到这种平衡，在中国台湾岛就能找到这样的例子。

板块构造和侵蚀之间的相互作用十分复杂，它们之间脆弱的平衡容易受到多种因素的干扰，以气候为最。通过调节冰川的范围或改变为河流提供水源的降雨强度等手段，气候实际上掌控着机械侵蚀的主要过程。气候还会影响化学风化，因为温度较高的水域更容易与露出的岩石发生强烈而迅速的反应。所以，突发的干旱会减缓侵蚀的速度。构造运动于是重新占得上风，使隆起不断生长，直到达到新的平衡。值得注意的是，并非所有岩石对水的反应都一样，这取决于它们的化学性质和机械强度。因此，难以侵蚀的山体会形成高耸的隆起，但也需要更长的时间来应对气候突变，花上数十万年或数百万年的时间调整自己的形状。人类也能感知构造活动与侵蚀作用之间的永恒竞争。事实上，在我们看来，山脉是按大地震的节奏增长的，这并不是一个稳定而持续的过程。每一次大地震都对应着抬升山体的断层滑动几米。2015年4月，尼泊尔廓尔喀发生了一场8.1级地震，喜马拉雅山脉的一部分在地震中被抬高了约20厘米。然而，地震产生的剧烈震动也引发了25 000多处山体滑坡，最远的一处距震中有100多千米。由此一来，这次地震究竟是使隆起增长还是破坏了隆起，我们并不容易知道。现在许多研究者都在思考，当构造隆升通过剧烈的地震表现出来时，继续将之形容为一个缓慢而连续的过程是否真的合适。这种质疑同样适用于侵蚀过程，山体缓慢侵蚀的背后可能只是表明猛烈的事件鲜有发生，如洪水或滑坡。

地壳均衡

地壳均衡原理指地壳承载的质量过剩被地下同等质量所补偿，类似船只的浮力效应。装载后的船会下沉，位于水面以下的质量随之增加。若地壳之上有一座山，地壳便会沉入黏稠的地幔中，露出深邃的地壳根，比山体本身大得多。我们所说的山，不过是冰山露出水面的一角。

人类文明已成为改变地球容貌的重要因素

如今，我们知道气候会影响构造活动。近期的建模表明，大型陆地断层的形成与侵蚀作用的强度息息相关，而正如我们所见，后者部分取决于气候状况。一般而言，对地表隆起部分的侵蚀限制了由板块相撞产生的大型断层的数量，因为在断层上滑动和抬升部分地壳都需要能量，而大陆只能通过板块构造运动获得能量。较为强烈的侵蚀作用减缓了隆起的增长，因而抬升地壳所需的能量也就变少了。如此一来，能量主要用于在大型古老断层上滑动。

总之，我们目前已经很清楚构造活动会从诸多方面影响气候。例如，大陆的位置制约着洋流的走向，而洋流影响太阳热量的全球分布。举例来说，在大约3 000万年前，南美洲和南极洲相互分离，德雷克海峡由此形成，南极洲因而被洋流环绕，与大西洋、太平洋和印度洋温暖的水域隔绝。南极不断变冷，最终成了一个终年冰封的地方。相比之下，喜马拉雅山的形成是一个完全不同的故事，浩大的工程始于5 000万年前印度板块和欧亚板块的碰撞，也帮助塑构造活动会从诸多方面影响气候。例如，大陆的位置制约着洋流的走向，而洋流影响太阳热量的全球分布。

造了我们今天所知的气候。隆起不断生长，将大量硅酸盐岩带到地表，它们与水接触后发生化学变化，使大气中的碳矿化，也就是说将二氧化碳从大气中剔除。温室气体的减少使大气在几千万年的时间里冷却了大约10摄氏度。这些翻天覆地的变化使地球生物圈发生深刻改变，推动我们进入哺乳动物和被子植物的时代。这几个例子表明气候、地表和生活在其中的生物之间存在诸多关联。如今，它们成了生物地球科学这门年轻的交叉学科的研究对象。这类研究已经变得至关重要。当人类的活动严重影响气候之时，在富有争议的人类世到来之际，我们不禁扪心自问，人类文明将在地球的容貌上留下怎样的痕迹……

人类世

人类世就是我们目前所处的地球历史时期。在这一时期，人类活动已成为全球环境和气候变化的主要驱动力。

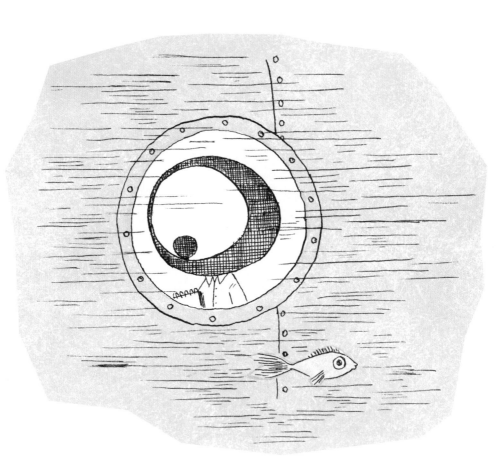

洋底：板块活动神秘的见证者

洋底约占地球面积的70%，但我们对它的了解还没有对火星表面了解得多。大陆撕裂之后，大洋板块开始形成，并被沿洋脊分布的断层和岩浆所塑造。大洋板块的生命周期相对较短（大约两亿年），因为它在不断冷却之后会变得非常致密，一旦地幔无法支撑，便会陷进地下，沉入地球内部。洋底景观则见证了位于板块构造活动中心的大洋板块惊心动魄的一生。

用先进技术精确描绘洋底形态

欢迎来到地球秘境。这是一个浅灰色的世界，巨大的隆起连绵不绝，众多火山链蜿蜒数万千米，如勃朗峰一般恢宏的山峰顶部坐落着深色间歇泉。若我们变个魔术，让地球上大洋里的水全部蒸发，展现在我们眼前的便是这样一个占据了地球表面积70%的海底世界。受地球内部活动的影响，诡谲的景观排布得很有规律。

如今，凭借先进的技术手段，我们不用变魔术，也能精确地描绘洋底形态。目前广泛使用的技术是多波束探测。科考船只通常装有多波束声呐，它向海底发射声波，声波经海底反射传回船只，水深越浅，声波返回的速度越快。船上搭载的电脑便能据此生成船只途经海域的海底地形，覆盖宽度达数千米。不过，若想不留空白地对洋底进行全面探测并将制图的精度提高到百米级别，科考船需要在宽阔的水域多次来回。声呐在深水区的表现不太尽如人意，只有尽可能接近海底，才能提高探测的精度。近些年来，科学家成功地将声呐安装在远程控制或自动航行潜水艇上。它们犹如海底无人机，能在距洋底数十米的高度巡游海底世界，将测绘精度提升至米级别。由此绘制出的大西洋底岩层形态细节甚至优于谷歌地图对你家的呈现。

此类海底探测任务耗资不菲（每日成本超过1万欧元），因而地球上绝大

> **声呐**
>
> 声呐是英文缩写SONAR的音译，全称是"声音导航与测距"（Sound Navigation And Ranging），是一种通过超声波定位海底物体的探测装置，相当于水下雷达。声呐与雷达的区别在于声呐使用的是超声波而非电磁波，因为后者无法在水中传播。

部分洋底区域都是通过卫星测绘的，分辨率只有数千米，我们将在第六章详述。种种限制使我们对地球海底世界的了解还没有对火星表面（地形图精度可达百米级别）了解得多！

海底地形历经了漫长的时间塑造。我们将洋底分割成一个个小块进行研究，诸如法国海洋开发研究院的"普尔夸帕号"之类的大型科考船都配有多层水下舱，便于深水探测。船只还配有遥控无人潜水器，通过"狗绳"实时向控制台传输观测数据。而载人潜水器，如法国的"鹦鹉螺号"和美国的"阿尔文号"都是由钛制成的球体，能够容纳两名驾驶员和一位科学家，可以抵达水下6 000米深的地方。科考船离开船籍港后，先要在大陆架海域航行几百千米。大陆架位于水下百米深的地方，此处地壳被一层厚厚的沉积物覆盖，但仍是典型的大陆地壳，由相对较轻的花岗岩组成（2 700kg/m³）。大陆架被众多断层包围，断层之间是破碎的土地，犹如书架上东倒西歪的图书。这些断层见证了裂谷作用，也就是大陆在此处撕裂，标志着大洋出现的第一步。大西洋的这一过程可以追溯到两亿年前，引起了超级大陆泛古陆的解体。泛古陆是当时世界上仅有的大陆，被泛古洋所环绕。地幔运动产生的张力牵引着大陆地壳，就像我们拉扯柔软的焦糖，大陆地壳越变越薄，并分裂成数个板块。大陆地壳可能最终会彻底消失，使得部分地幔逐渐上升，

"普尔夸帕号"

"普尔夸帕" Ⅰ、Ⅱ、Ⅲ、Ⅳ号是法国著名的探险家、航海家和海洋学家夏科（1867—1936）率领的4艘极地探险船。他于1936年在冰岛沿岸罹难。2005年，法国海洋开发研究院和法国海道测量局共同拥有的海洋科考船又被赋予了"普尔夸帕"这个名字，以纪念它的4艘先辈们。

深渊

"深渊"（abysse）一词来自古希腊语单词 ábyssos，意为"无底洞，深不可测"，指的是超过 3 000 米深的海洋区域，约占地球表面积的 2/3。它同时可以指称某个深度极点，比如地球上已知最深的地方，深度达 11 000 米的马里亚纳海沟。

直至沉积岩之下，西班牙附近海域就是这种情况。更为常见的是，地幔的抬升会熔化一小部分岩石，岩浆涌上地表，逐渐冷却形成新的地壳取代大陆地壳，我们称之为"大洋地壳"。船只在装载货物之后会向水中下沉一些，与此类似，比起大陆地壳，因富含铁和镁等元素而密度更大的大洋地壳向地幔陷得更深。这就是为什么洋底的位置比陆地更低，这也是为什么我们要在垂直方向上下降 3 千米才能触及深海之渊。

洋底漫游：海底山丘、峡谷和裂隙

下潜了几个小时之后，深海平原在我们眼前徐徐展开。虽说是平原，但辽阔的土地上遍布绵延的山丘。山丘被填满沉积物的盆地笔直地分割开来，仿佛被犁过的麦田。这种特征地貌见于所有大洋，占地球表面积的 60%。直到 20 世纪中期，我们才对此有所了解，因为第二次世界大战加快了海底测绘的进程。此后，我们对各大洋海底地形有了大致了解：太平洋海底山丘高 1 千米，排列间隔为 10 千米，是大西洋海底山丘高度的 1/10，排列间距的 1/5。如今，洋底表面的巨大起伏激起了海洋学家的特殊兴趣，因为这迫使深层海水相互碰撞，彼此融合，会对海底洋流的运动造成影响。

我们在深海之渊的旅程似乎没有尽头。包括夏威夷火山在内的众多火山遍布海底，犹如一个个肿块，它们打破了一成不变的海底山丘地貌。当温度过热区域的地幔熔化，特别是在构造板块中央，火山就会形成。又走了几百千米，我们注意到海底开始一点一点地抬升，从海平面以下5 000米升至2 000米。沉积层没有那么厚了，显露出洋底玄武岩的特征。突然，一个由岩石组成的山脊出现在我们眼前。它被一条长长的峡谷从中间剖开。这条峡谷被我们称为"中央峡谷"，宽度可达十几千米。我们在峡谷中发现了刚刚冷却不久的熔岩流，还探测到许多地震正在发生。沉积的硫化物到处都是，里面生长着白化了的虫子和虾蟹，硫化物形成的通道中不断喷出超过300摄氏度的黑色水雾。我们来到了洋脊，是两个正彼此分离的板块交界处的褶皱，绵延不绝。举例来说，亚欧大陆板块和美洲板块正以每年2厘米的速度从大西洋洋脊处分离。而东太平洋洋脊的分裂速度更快，使

突然，岩石组成的山脊出现在我们眼前。我们看到了刚刚冷却不久的熔岩流。我们探测到许多地震。超过300摄氏度的浓黑水雾从硫化物构成的通道中喷出。我们来到了洋脊⋯⋯

巨大的太平洋板块和纳斯卡板块以每年15厘米的速度分离。板块的分离伴随着下方部分熔融地幔的抬升，后者能为洋脊提供源源不断的岩浆。由此可见，洋脊的确是生成玄武岩地壳的工厂。岩浆都被储存在洋底之下数千米深的狭窄单元里。通常情况下，板块的分离会凿破这些小单元，形成裂隙，岩浆从中涌出形成熔岩流，覆盖中央峡谷底部。如今，一些海底观测站能够通过地震活动以及由此引发的地表形变探测到这些活动。2015年4月，人类首次通过传输地球物理数据的海底光缆实时跟踪了一起洋脊火山喷发，地点位于美国东北部海域附近的胡安·德富卡洋脊。洋脊火山活动加热渗入地壳裂隙里的海水，促进它

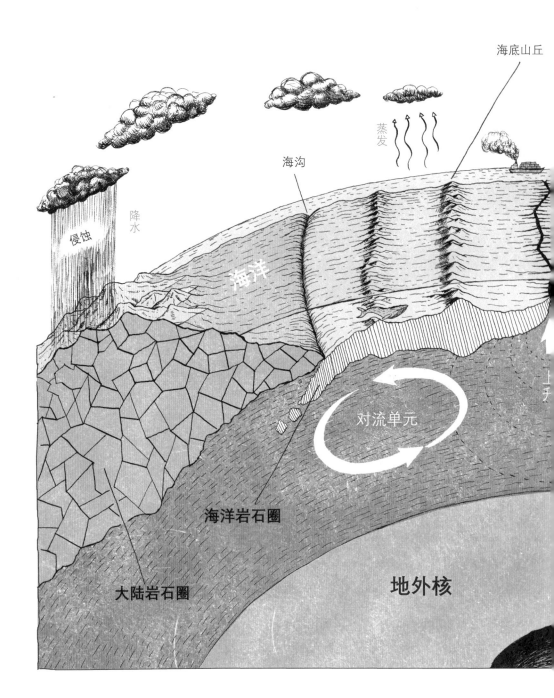

海底山丘

海沟

蒸发

降水

侵蚀

海洋

对流单元

海洋岩石圈

大陆岩石圈

地外核

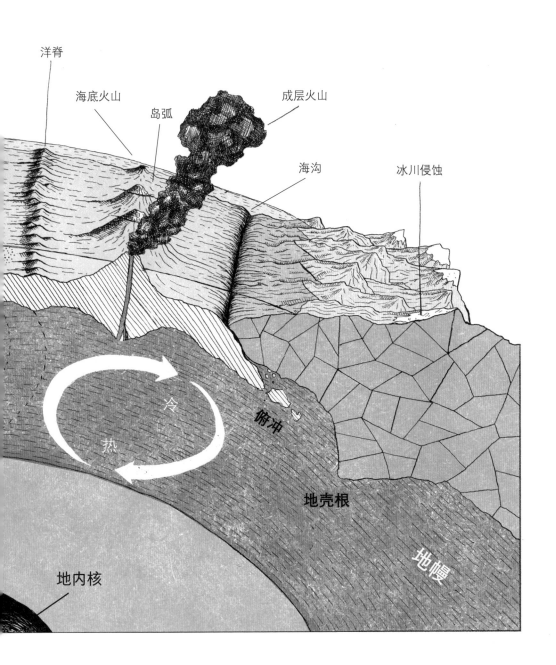

洋脊

海底火山

岛弧

成层火山

海沟

冰川侵蚀

冷

热

俯冲

地壳根

地幔

地内核

们的流动，使之与周围的岩石发生化学反应。最终诞生的是灼热又充满金属物质的酸性水，它们从海底热泉口喷出，形成浓黑的水雾。这一过程使得新诞生的大洋地壳在冷却的同时被水化。由此，我们见证了构造板块在洋脊附近生长出了新的部分，由冰冷、坚硬、易碎的岩石组成。

就算岩浆裂隙一定程度上填补了两个板块彼此远离而产生的空间，但也不足以应对洋脊受到的牵引。与岩浆活动相伴而生的是断层的形成，笔直地沿着中央峡谷绵延，仿佛两座巍峨的峭壁。这些断层分割、抬升、晃动整块玄武岩地壳，形成海底山丘。沿着大西洋洋脊分布的断层占据了大部分板块分离产生的空白（20%至50%）。它们塑造的隆起比东太平洋洋脊高大得多，因为东太平洋洋脊处的岩浆活动更为剧烈，而板块构造活动十分微弱（少于5%）。这就解释了为何我们在旅程之初见到了两种不同的洋底地貌。我们还发现，地表有时会被垂直于洋脊轴线的长长的断层再次切割，我们称为"转换断层"。它将环绕地球长达6 500千米的洋脊切割成数段，并且告诉我们大洋板块的运动方向。

永不终结的故事：海洋的诞生与消亡

今日，我们在洋脊轴线处不断发现形状奇特的隆起。20多年前，海底地图绘制技术的进步让我们得以识别巨大的穹顶状岩块，有些高大如勃朗峰，布满细腻的划痕。这些被称为"亚特兰蒂斯"或者"哥斯拉"的岩块都是因巨型断层滑动而露出地表的地幔，与不停晃动的海底山丘如出一辙。地幔岩石与海水接触会发生热液反应，但那时尚未被观察到。热液反应不仅能产生氢，还能创造出一种适宜复杂的碳分子组装拼接的环境，它们是形成生命的关键原料。"亚特兰蒂斯"穹顶状岩块有一个好听的名字"失落的城市"，分布于其上的热液泉被视为热液循环的典例。土卫二上可能也存在类似的热液循环。由此可见，洋底为我们的太空探索带来了启发。

离开中央峡谷，我们将赶赴大洋的另一边。旅途的最后，我们的所见恰好与洋脊的情况截然相反。板块新生的部分自诞生之后便会远离中央峡谷，并不断冷却。在形成于1 000万年前的板块下方，冰冷易碎的岩石可以延伸至30多千米深的地方。太平洋的扩张速度很快，新生的板块早已远离洋脊700千米。而离洋脊几千千米的地方，我们见到了有着8 000万年历史的板块。它们冰冷致密，下陷深度可达5千米。古老而沉重的板块一直在阻挠新生板块的扩张。当大洋板块最古老的部分开始滑入大陆板块之下或者陷入较为年轻的大洋板块之下，海洋的闭合就开始了。这一过程被称为"俯冲"，会拉扯其余大洋板块坠入地幔。一般来说，大洋板块的寿命不会超过1.8亿年，在我们有着45亿年历史的地球上，已经找不到形成于侏罗纪时代的大洋板块的残迹了。"垂死"的大洋板块沉入地幔，向地球内部释放储存了一生的水。水会溶化周围的地幔，形成岩浆，岩浆上升至板块交叠处，用于建造新的陆地。终有一日，大陆开裂，又将出现新的海洋。凝视着眼前坚实的土地，我们思考着板块未来的变化，所有的故事都刻在洋底，等待后人一探究竟……

> 若大洋板块最古老的部分开始滑入大陆板块之下或者陷入年轻一些的大洋板块之下，海洋的闭合就开始了。

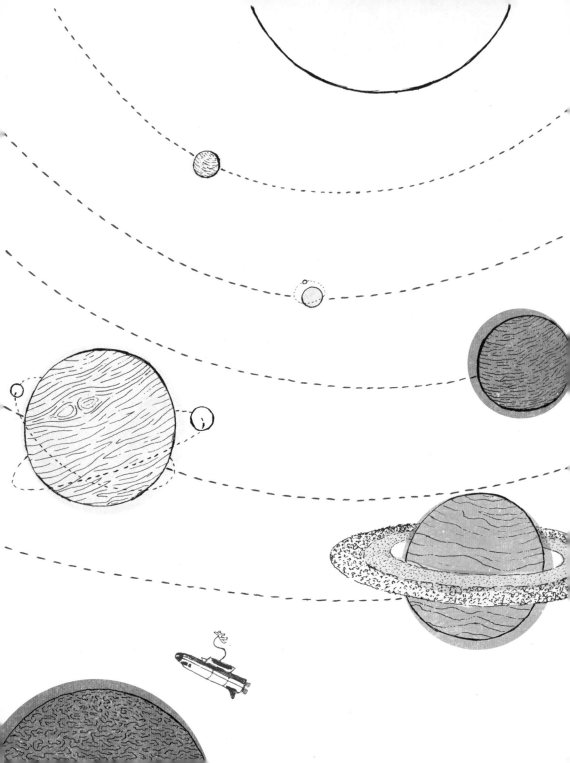

**去太空中观察地球
表面和内部吧！**

自航天时代伊始，绕地人造卫星就监测着地球。起初，从太空中传回的只有地球的照片，我们得以欣赏地球的原貌；后来，我们能够运用技术从太空中探测地球内部的情况；如今，我们可以拍摄地球的影像，不是为了跟踪人口的流动或季节变化对地球色彩造成的影响，而是为了观察地球在板块构造运动、季风或冰块消融影响下的形变。地球如同一个悬浮在宇宙中的橡胶球，在不停地移动、分裂、扭曲和回弹，我们则在轨道上探测这些运动。

地形图

法语中"地形图"（topographie）一词源自古希腊语
词汇 topos 和 graphein，分别指"地点"和"绘制"。
地形图本义指用平面图或形状图对地表的呈现，及其
上全部可见细节。这里的细节既包括地表起伏高低和
水文在内的天然形态，也包括地表之上的建筑和道路
等在内的人为产物。如今这一术语遭到滥用，我们将
地表的起伏形态称为地形。一个区域的地形图一旦测
绘完毕，我们便能知晓区域内任意一点的高度。

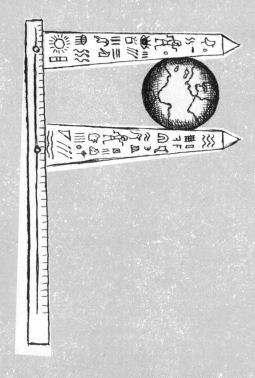

埃拉托色尼

埃拉托色尼生活在公元前3世纪，来
自古希腊。他上知天文，下知地理，
精通数学和哲学。受埃及法老托勒密
三世之邀，他成了皇子的家庭教师，
同时被任命为亚历山大图书馆馆长。
他是第一个较为精确地计算出地球周
长的人（约40 000千米），误差仅为
1%。由此，人类意识到地球其实是一
个球体。这一古老的认知被中世纪蒙
昧主义所桎梏，直到15世纪人们才重
新发现了公元前就已经被科学所证明
的事实。

没必要走得那么远，我们现在有照片了！

1972年12月，载有3名宇航员和1台构造简单的照相机的阿波罗17号宇宙飞船发射升空，目标月球。正是这台照相机拍摄了首张从太空中鸟瞰地球的照片，照片上的地球也被誉为"蓝色弹珠"。我们因而能一瞥人类家园的全貌，而不必登上山顶俯视地球。一眼望去，有大陆、山峦、沙漠、海洋，还有它们细微的色差，以及大气、云层和风暴。从照片上看，地球是圆的，是一个完美的球体，但我们无法凭此精确地绘制出陆地的形态，也不知山高几何，海深几许。直到几十年以前，绘制地图、测量地形还需要测量员去现场实地作业。太空观测则让我们超越了所有局限！

照片上的地球当然静止不动了，但其表面在时刻不停地变化：造陆、筑山、围海、辟洋，震天动地的板块构造运动使之或位移、或开裂、或扭曲；冰盖的负重使之弯曲、下陷又回弹……因含水层填充或抽空导致的形变通常范围比较小，只会延伸数千米，如同一块海绵。而板块构造运动或其他因素引发的形变往往会影响方圆几百千米甚至上千千米的区域。这些形变的速度可快可慢：有每年数毫米的板块构造运动，也有每秒数米的强烈地震。

太空征服摆脱了静态图像的限制，能极其精确地显示地球形态及其变化的细节。与此同时，大气观测方法的改进让大地测量学迎来迅猛发展。如今，遥感探测能直接从太空描绘地球的形态。

地球不是均匀的球体，你知道对吧？

古有埃拉托色尼用方尖碑估算地球半径，今有航天探索揭示地球最细微的变化，测绘地球形态从古至今一直充满挑战。我们这颗星球和其他天体一样遵循"不同质点之间相互吸引"的万有引力定律。我们之所以能站立在地球之上，是因为地球的质量将我们拽向它的引力中心。发射绕地卫星时，我们需要用火箭赋予它初始速度，它才能围绕地球旋转。卫星运行速度产生的惯性会让它产生离心运动的趋势，与拽住我们的地球引力形成平衡，从而保持卫星在轨道上的运转。

　　然而地球并非一个均匀的球体。卫星飞掠过的地表形态和其上密度各不相同的岩石或多或少会牵扯卫星，令之在轨道上忽上忽下。对卫星精确路径的测量能让我们绘制出地球的引力场，足以表明地球及其形态并不是均匀的。洋面与我们所说的重力等位面一致，这就意味着无论洋面有多少隆起和凹陷，沿洋面运动的我们感受不到上升或者下降，因为这种感觉与持续的重力加速度有关。科学家对等位面的形态颇感兴趣，因为它可以向我们提供有关地球内部结构的信息。实际上，深处地下100千米至2 900千米范围内的地幔对流运动直接塑造了等位面的形态。密度较小的岩石构成的地幔上升流与密度较大的岩石构成的下降流之间会形成质量差，在吸引卫星的同时会扭曲引力场。于是，我们便能从太空探测到地幔的密度并不均匀。

　　从小尺度上看，我们可以观测到引力场在几千米以内的变化。致密的地壳岩石和轻盈的大气的交界处会产生质量差：一座山远比同体积的空气重得多。这就会扭曲重力场，使卫星偏移。海底连绵的群山和蜿蜒的沟壑同样会扭曲引力场和洋面。测量卫星距洋面的高度可以确认洋面上的隆起和凹陷，并将之转化为分辨率为千米级别的海底山峦、洋中脊或深渊。这是迄今为止测绘各大洋

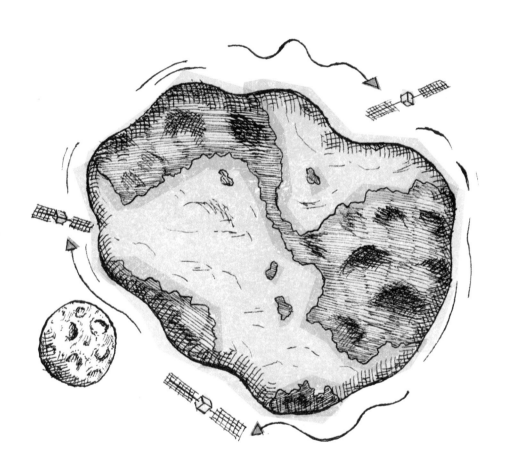

洋底地形的唯一有效方法。

现在有很多拍到这颗美丽星球的方法了

陆地地形的测绘精确度显然更高。飞机从不同视角拍摄的照片是遥感探测的鼻祖。通过模仿人眼和大脑的工作原理重建三维立体图，即体视图，我们可以构建飞机掠过地区的地形图。同样，有了卫星拍摄的照片，我们就能重现地球的形态。有些卫星能在运行过程中快速连续地拍摄图像，通过图像间隔确定高度，精度可达米级别。图片的像素等级也各不相同，美国国家航空航天局的"陆地卫星"（Landsat）达数十米，而法国国家空间研究中心（CNES）超高清卫星（Pleiades）的像素可达数十厘米。然而，超高清卫星并没有覆盖整个地球，而云层的遮挡也会使光学影像偃旗息鼓。

美国是首个在全球范围内进行高精确度测绘的国家。该测绘任务被称为"航天飞机雷达地形测绘使命"（SRTM），使用合成孔径雷达（SAR）进行成像。其工作原理是雷达天线向目标发送电磁波，并接收反射回波。后续运用合成孔径原理处理信号，我们就能还原目标的图像。借助卫星，我们扫描地表，并构建地表图像。对比同一地区的两张图片，可以测量不同参数。特别是当图片来自两个不同视角，我们就能以几十厘米的精度测算海拔高度。在SRTM任务中，一个雷达置于航天飞机中，另一个被安装在60米长的天线杆上，伸入太空。由此便可得到同一地区不同视角下的图像，并能测量任意一点的高度。在11天的任务中，航天飞船获得了几乎整个地球的数据，经过美国国家航空航天局的处理之后，我们获得了首张几乎包含地球全部外露区域的地形

图。2009年，日本航天局的Aster卫星传感器利用近红外拍摄的地球立体图将全球地形图的覆盖范围扩充至99%。在全球地形图的帮助下，无论是谁都能确认地球上任意一点的高度。过去，地形的关键信息都被各国政府和军方据为己有，如今，人类对太空的征服让它们得以公之于众。

> 过去，地形的关键信息都被各国政府和军方据为己有，如今，人类对太空的征服让它们得以公之于众。

知晓地球的形态之后，从太空探究地壳表面覆盖着什么、地壳由什么组成也并非不可能。欧洲航空局发射的环境卫星（EnviSat，2002—2012）搭载了多光谱成像器。成像器的工作原理类似数码相机，但与人眼能捕捉可见光不同，它能分解可见光并记录不同波长最大值与最小值之间的差值。不同波长对应着不同颜色，覆盖范围从紫外线到红外线。它记录下的不同色彩组合反映了所拍摄地区的特征。让我们举个例子，归一化植被指数（NDVI）通常被用来衡量植被覆盖密度。绿色的植物会吸收红光，而它们的细胞结构会反射红外线。卫星探测到的红光差值和红外线差值的不同就能反映植被密度的多少。以此类推，我们还能辨别一个地区的湿润程度、含沙量、表面岩石种类等等，从而绘制地形。

除了测绘地表，我们还能通过卫星传回的数据研究地壳结构，探究山脉或地震活动的形成机制。卫星探测到的引力场在较小尺度上的细微变化，一旦被地形作用修正，便能确认地球深处质量的冗余或不足。这些变化能让我们观察到按地壳均衡原则分布在山体下方的物质，或是研究岩石圈板块如何受自身重力作用发生弯折。自20世纪70年代末，卫星光学成像就能绘制全球范围内的构造断层。比如，在分析了"陆地卫星"拍摄的图像之后，我们绘制出了首幅亚洲地震断层图。对大型地表结构的测绘开启了我们对大陆构造板块形变的研究，特别是关于青藏高原的成因。

但地球一直在变化……

众多绕地卫星一直在探测地球，让我们能够了解地球的地形、海洋深处、巨型活动断层和地球质量的分布，并对它们进行分析。然而，我们还知道，地球表面一直在变化。我们发现，大雨过后，我们脚下含黏土的石块因吸收雨水而膨胀，会引发足以撕裂房屋的土壤运动。若地面发生缓慢的滑动，山体的某一侧会变得不稳定，甚至下陷。从太空看，地球一直在扭曲、膨胀、收缩、破裂。测量员在重复测量标记物高度或不同点之间的角度时，记录下了最早有关地表形变的信息。如今，我们只要从遥远的太空进行观测就能有效地记录下地球在大范围内发生的形变。

确认地壳持续运动，这可费了大工夫

对"大陆至今仍在运动"这一事实的首次确认来自遥远的星系。这些天体向宇宙各个方向发射电磁波，其中包括能被望远镜捕捉到的光波。在甚长基线干涉测量技术的帮助下，我们计算出两个望远镜捕捉射向地球的光波的时间差，从而获得两个望远镜之间精确到毫米的相对距离。如果我们在不同板块上安置多根天线，反复测量，就会发现它们在相对运动。

很快，人们意识到发射人工信号、使用更短的天线也可以达到同样的效

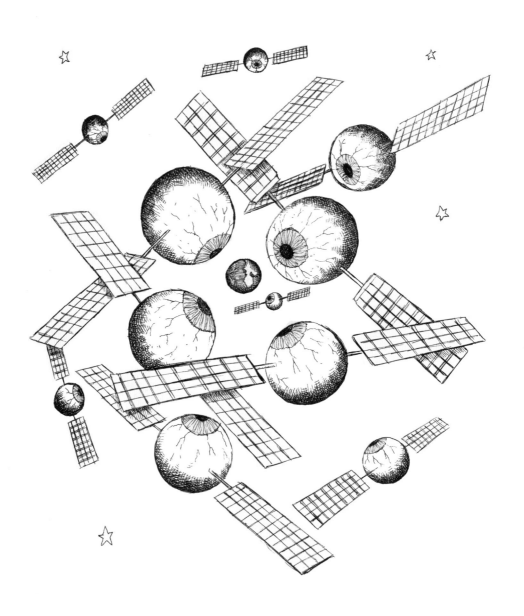

果，还能节约成本。20世纪70年代，在冷战的大背景下，面对苏联的军备竞争，美军打算设计一种专门用来引导弹道导弹的系统，也就是我们所说的"全球定位系统"（GPS）。该系统基于近30颗绕地卫星组成的星群。它们一刻不停地向地球发射包含卫星位置信息和信号发射时间的电磁信号。简单的天线就能捕捉到这些信号。只要获得4颗卫星发射的信号，就能确认天线的位置和对应时间。定位系统刚被提出的时候，人们认为它的原理过于抽象，有待攻克的技术壁垒比登天还难。有且只有当我们能够分辨卫星轨道几厘米的差异，同时修正相对影响，评估大气状态、研制并向轨道发射精度达 1/100 微秒的时钟，这一切才能成真。如今，我们不仅可以定位手机，误差不过几米，还能确认时间、导航船只或无人驾驶汽车。其他国家和区域联盟已经搭建了自己的同类系统，如中国的北斗卫星导航系统（BDS）、俄罗斯的格洛纳斯卫星导航系统（GLONASS），以及欧盟的伽利略卫星导航系统（GSNS）。强大的信息处

> 如今，我们不仅可以定位手机，误差不过几米，还能确认时间、导航船只或无人驾驶汽车。

理能力使定位精确度达到毫米级别。上千GPS观测站点遍布全球，能够实时定位。通过监控位移的时间序列，我们就能测量观测站的速度、位移的季节性变化、突发事件，等等。

由此，我们可以观察到发生在所有尺度上的形变。这些观测站点通过测量板块运动的速度以及识别板块狭窄的边界已经可以确认坚硬的构造板块表面正在分裂。北美板块的运动与美国东部观测站点测得的运动数据相符。而从丹佛开始往西部去，我们所监测到的运动速度正缓慢地变化：太平洋板块北侧以每

年约4厘米的速度抬升，由此产生的剪力使北美板块扭曲。其他板块的边界就更窄了，北安纳托利亚断层构成了北安纳托利亚微板块（土耳其）和欧亚板块的交界。短短几十千米的范围内，就从每年运动速度两三厘米的安纳托利亚西部变成了纹丝不动的欧亚大陆。速度的变化使地壳发生弹性扭曲，从而出现形变。由此产生的力会在一两次地震中释放掉。地震引发的剧烈位移以米计算，也能被GPS观测站点实时记录。我们也的确注意到，地壳会因应力累积过多而回弹。

拍摄运动中的地球？不成问题！

从大尺度测量地表受力的影响是可行的。让我们举个例子：在雨季或是季风期，大量水资源积蓄在地表，会使数百千米厚的地壳下降几百厘米；到了旱季，水分减少，地壳就会回弹。此外，冬季的含水层充满水分，会使地表膨胀几厘米。在这些影响的综合作用下，GPS时间序列就会振荡。而在更长的时间尺度上，冰期和间冰期的交替会使地表上的冰盖不断增长，后又融化。大约两万年前，整个欧洲北部被巨大的冰盖覆盖，斯堪的纳维亚地区的冰层厚度达几千米。虽然冰层现已融化，但我们仍能在垂直方向上检测到持续至今的回弹，每年几毫米，这源于地幔的黏度。此处的地幔一直在回弹，尽管几千年前冰盖就已经消融了。

某些形变还会引起地球质量巨大的波动，从而改变地球的引力场。重力恢复与气候试验卫星（GRACE）成功地跟踪了地球引力场十几年来的变化，并计算出质量变化了多少。如今，我们知道印度和孟加拉每年雨季降水可达2 000亿吨，而美国西部地区受持续干旱影响，自2013年以来水分损失了约2 400亿吨。

像弹珠一样，星球尽在掌握

需要实地安装观测站是目前GPS测绘最主要的问题。在一定区域内，比如法国本土，这并不是一件难事。但若观测区域土地辽阔又难以接近，我们就无法到处设立观测站了。不过，使用卫星成像技术便可解决这个难题。卫星成像覆盖全球，分辨率可达十几米，无须亲赴现场就能使用。光学成像的相关法可以将位移精确到米。卫星拍摄获得的图像是对地表的简单拍摄。若地震之类的突发事件使地面标记位移，我们就能根据一张张记录标记位置的卫星图像获得位移范围，并由此测量出位移（"陆地卫星8"的精确度为15米，超高清卫星的精确度为0.5米）。我们据此研究了许多地震，比如2017年发生在新西兰凯库拉的7.8级地震，又或者1999年发生在土耳其伊兹密尔的7.6级地震。这项技术能够跟踪地表裂痕的细节、转向和分区，就像我们研究挡风玻璃上的裂纹一样。

我们也能运用之前提到过的雷达成像原理跟踪地表形变。雷达图像的成像质量与光学成像近似，为了提高精确度，运用干涉测量原理，我们能够测量毫米级别的位移。对多年里拍摄的数十张图像进行分析，便可得到地表形变的动态变化，分辨率达数十米。这一系列记录形变的图像又被称作时间序列，可以帮助我们评估诸如洛杉矶盆地含水层蓄水和排空往复循环的影响（每年几厘米），或是捕捉未知地带地震断层几毫米的微小滑动事件。这项技术在20世纪90年代率先使用于欧洲航空局的欧洲遥感卫星（ERS）和环境卫星（EnviSat），之后迎来了它的黄金时代：至少十几颗活动卫星都使用了这项技术，数据也越来越容易获得。

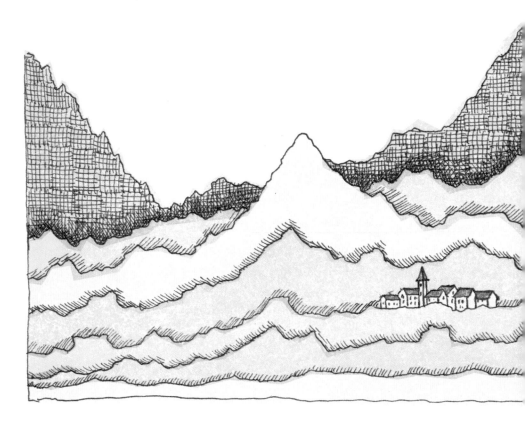

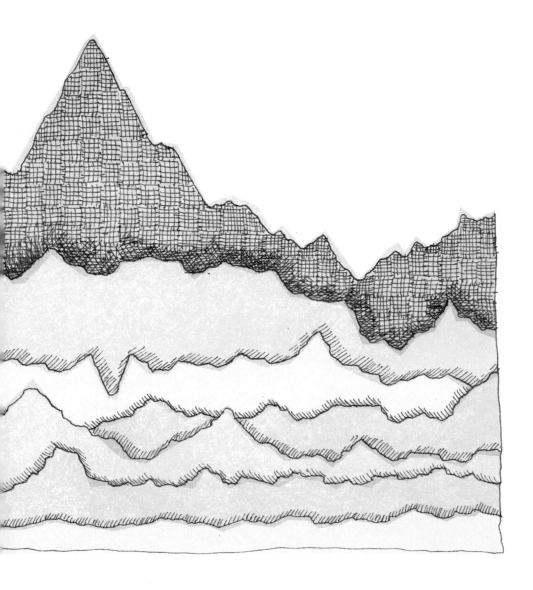

新技术，也是行星级别的新挑战

所有这些测量技术都互为补充。GPS可以对某一地点按小时进行毫米级别的绘制，而雷达成像只能根据人造卫星每隔几天更新一次形变图。若形变过大，达到数米时，雷达成像就会饱和，无法继续绘制图像，光学成像尽管不会饱和，但无法探测细小位移。同步使用所有这些技术就能精确捕捉地壳形变，涵盖任意时空尺度，从1秒到十几年，从10米量级到大陆尺度。

新技术层出不穷，需要处理的数据也在成倍增长，我们面临着前所未有的机遇和挑战。举例来说，新的"哨兵"卫星群在20年的任务期内每天将产生1 000G数据，这就给了我们探索地球、解开科学之谜的机会。我们甚至还能探测到过去无法预见的事件。而挑战在于，我们需要消化吸收这些数据，从中提炼出尽可能多的有用信息。对于科学家而言，当务之急是解决大数据难题，将科学研究结果传播出去。这样，所有人都能看到我们这颗生机勃勃的星球在太空中是什么样子。

从20世纪70年代起至今，对地球样貌的记录已经从一张美丽的照片变成连续传输的高清地表摄像。我们目睹地球在不同负重之下的"呼吸"，以及因板块构造活动发生的扭曲。我们知晓地表任意一点的海拔，能够绘制植被覆盖区域和地震断层。这些手段可以实时跟踪山林火灾，或者确认诸如台风、地震、洪水或滑坡等自然灾害造成的损失。目前，我们亟待根据这些资料为这颗蓝色星球制作完美的影像剪辑。

> 我们目睹地球在不同负重之下的"呼吸"，以及因板块构造活动发生的扭曲。

7 地幔：以固体状态 流动的神秘力量

在地球薄薄的外壳之下，是厚达 2 900 千米的地幔。随地球运动涌上地表的天然物质标本以及地震学的研究让我们得以观察这部分人类钻探无法企及的区域。得益于此，科学家能够在实验室还原构成地幔的晶体，确认矿物在巨大的压力作用下发生的转化。地球内部的极端条件能让物质像冰川一样以固体状态流动。在地幔对流的帮助下，这些物质将主要由热辐射产生的热量从地球深处运输至地表。这种非同寻常的循环拉扯大陆板块，形成大部分的山脉和巍峨的火山，还能引发海平面缓慢但影响深远的变化。

约占地球质量2/3的重要组成部分

岩石圈平均厚度为35千米，最厚处（中国西藏）可达80千米，覆盖在占地球质量2/3的地幔之上。如果地球只有一个完整的圈层，那一定就是这个了。然而，地幔难以企及。科拉半岛位于芬兰附近，俄罗斯科学家于1989年在该岛钻出了当时世界上最深的钻孔。这个钻孔耗费了他们长达19年的努力，需要克服钻头向岩石逐渐深入而不断增大的压力。钻孔最终停留在12 262米深的地方，创造了当时的世界纪录！但这也恰恰反映出人类根本无法勘探地球内部的情况，因为我们尚未抵达地幔，遑论隐匿在6 370千米处的地心了。

地质学家踏遍地球的各个角落，细细搜寻，终于找到了地幔的碎块。它们主要集中在比利牛斯山地区以及新西兰，当然也有裹覆在火山岩里的包体（enclave）。在法国奥弗涅大区的勒皮昂瓦莱，住宅入口会通常铺上来自当地采石场的绿色碎石。地球内部的活动能将这些物质运送到地表，比人类的钻探活动更为有效。这些石块之所以呈绿色，是因为地幔岩石中含量最丰富的矿物是橄榄石，由两个镁原子、一个硅原子和四个氧原子组成。而由橄榄石形成的橄榄岩均位于地表之下200千米深的地方。

为了了解地幔深处的组成，科学家需要调整研究策略，运用间接方式探索地球内部物质的特性，不必亲自深入地下：我们目前无法进行儒勒·凡尔纳的地心之旅。有必要研究地球的引力和构成，因为这两者都与岩石密度和地震信

橄榄石

德国矿物学家和地质学家根据其近似橄榄绿的色彩为之命名。橄榄石是在岩浆冷却时最先结晶形成的矿物，也是地幔的主要组成成分，因为构成地幔的橄榄岩正是由橄榄石形成的。这种细腻精致的矿物也是一种宝石。

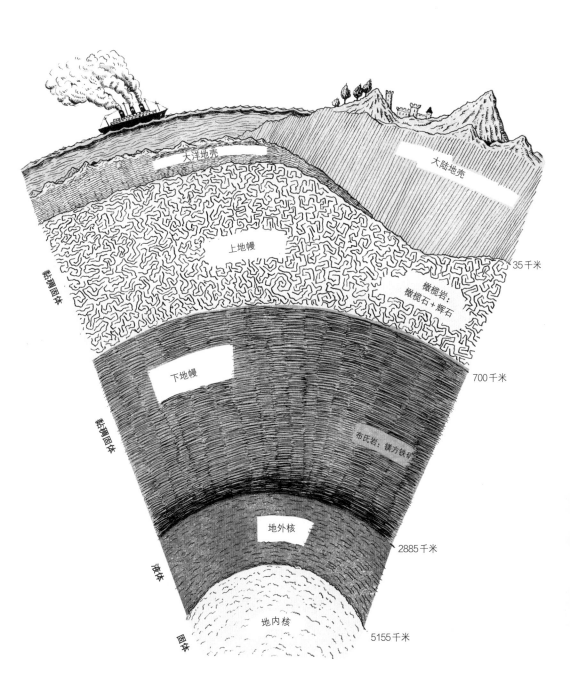

大洋地壳

大陆地壳

上地幔

橄榄岩：
橄榄石＋辉石

35千米

下地幔

布氏岩：镁方铁矿

700千米

地外核

2885千米

地内核

5155千米

黏滞固体

黏滞固体

液体

固体

号有关。2011年日本大地震引发了灾难性的大海啸，因为地震发生时会释放巨大的能量，整个地球都会随之形变，持续时间甚至会超过24小时。振动传遍地球，我们可以精确测量出振动在地表的位移。声波可以在空气中传播，与之类似，地震波可以在岩石中传播，且易受传播介质的性质影响。将探测结果与地球物理理论相结合，便能绘制出地球的超声回波描记图。尽管不太清晰，但对专家而言，这也足够展示某些特性了。

测量，在实验室就行了，还不用深入地心

首先，越往地球深处，地震波传播得越快。在地下410千米和660千米深的地方，地震波的传播速度不是均匀增加的，地震学家称为"不连续性"。为了解释这一现象，世界各地的科学家团队用极其坚硬的砧压机挤压橄榄石。他们所使用的砧压装置有两种，一种是多面砧压机，可以产生超过1 000吨的压力，能够压制几十毫米厚的矿物样品；另一种是金刚石压砧，体积大大缩小，但所压样品厚度不能超过100微米。它们所产生的压力数十万倍于大气压。借助这些先进的装置，材料在高压的作用下会被加热到上千摄氏度。因此，我们可以模拟地球内部的极端条件合成新材料。实验表明，橄榄石在地下410千米和660千米处所受压力的作用下，结构会发生重大变化。在最浅处的不连续面中，橄榄石的密度骤增，会变成一种新的矿物——尖晶橄榄石，它的化学成分并没有改变。这种转化甚至可能是地球深处地震的成因。我们将在第二个不连续面迎来尖晶橄榄石的解体，它会转变为两种新的矿物：富含硅的布氏岩和由镁铁氧化物组成的镁方铁矿。这些变化解释了为何地震波的传播速度跳跃不连续。

地幔对流

地幔对流是地幔内部存在的一种物理现象，也是板块构造理论重要的组成部分。地幔岩石圈和下伏软流层的温度截然不同，明显的温差使得岩石圈中冰冷而致密的地幔物质下沉到温度更高的软流层。

地球内部的"大气运动"：地幔对流

自20世纪80年代以来，地震影像学（或称地震层析成像）迅速发展，科学家可以更加精确地研究组成地表构造板块的岩石，甚至能确认某些位于地下2 800千米深、靠近地核的岩石的种类。当然，不必过于对此感到惊讶，毕竟从20世纪30年代开始，科学家就在一点点接近"地幔在不停运动"的假说。冷却的地幔流受自身重力影响会下沉，热流则会上升，与大气的运动有些类似。地幔对流与大气对流最大的差别在于发生移动和形变的是固态的岩石而非流体。当温度超过500摄氏度，石块仍是固体，但可以流动，有点像冰川中漂流的冰块。岩石变得非常黏稠，使得地幔虽能像流体一样运动，但要以漫长的地质年代为计时单位。

对地幔黏度的研究主要集中在地表可以观测到的缓慢形变，特别是所谓的冰后期回弹。在加拿大和斯堪的纳维亚半岛，我们可以观察到海岸线在变化，仿佛大陆板块在抬升。这一现象始于上一次侵入此地的冰期，距今已有近两万年。随着冰盖消融，冰雪覆盖的大陆承压减轻。加拿大和斯堪的纳维亚半岛正缓慢升高，速度由地幔岩石的黏度决定，正如我们把软木块按进蜂蜜里，再松开手，木块会一点点升上来。地幔黏度非常重要，它保证了固态岩石能够流动。

地幔：运动中的核电站

地幔对流源自地球内部温度的升高。温度最高的岩石位于地球最深处，而温度最低的岩石则位于地表。这种重力状态是不稳定的：冷却的板块下沉，而滚烫的岩流上涌，两者处在一种复杂的动态平衡中。岩石将地球深处的热量传输到地表。热量主要来自地幔岩石所含的钍、钾和铀元素放射产生的能量。地幔每年因放射活动产生的热量略小于人类全年耗能的两倍，足以使2/3个地球不断地运动。地幔仿佛一台热机，促进地球内部热量的流动，并将热量以持续（洋底）或间断（地震或火山活动）的方式疏导至地面。

这些发生在地下深处的活动在地表就能观察到：大陆每年都会位移几厘米，与人类毛发和指甲的生长速度相仿；洋底同样如此。背后的推手是地幔对流在地球内部产生的力量，使岩石承压，地震爆发。地幔深处炽热物质的上升形成了一定数量的火山。在地幔固体流升至地表的过程中，岩石会融化，产生

> 大陆每年都会位移几厘米，与人类毛发和指甲的生长速度相仿；洋底同样如此。

岩浆。夏威夷和冰岛便是绝佳案例。前者形成了地表最高的隆起，其基座深入海平面之下近5 000米，而海平面之上的部分海拔超过4 000米，令8 848.86米高的珠穆朗玛峰相形见绌。火山喷发和冰川不停塑造着冰岛的地貌，也会打乱飞机航班计划。科学家认为，足以将法国埋在4千米厚的熔岩之下的大型火山喷发改变了这里的地表环境。巍峨的火山也是造成地球历史上数次生物大灭绝的罪魁祸首。

年轻的地形学，仍处于上升期

地幔对流创造了地球上最壮观的隆起。冰冷的地幔流下沉至深处，会牵扯大陆板块相向运动，经过几百万年的运动，两个板块相互碰撞，山脉应运而生。当两块大陆相撞，由冰冷而致密的板块形成的地幔流会吞噬周围的区域并

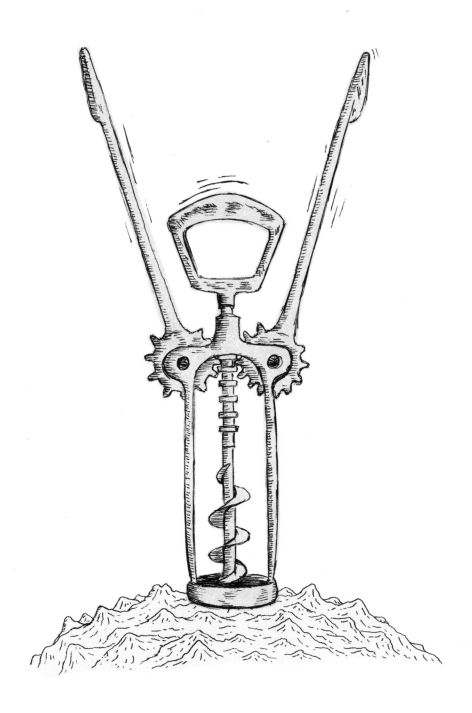

持续作用。如今，喜马拉雅山脉仍在不断受压，推动印度大陆板块的力量造成诸多地震灾害，其中包括2015年4月发生在加德满都的地震。地下深流推动地表隆起或下陷，由此诞生了新的地形，我们称为"动力地形"。它使海平面发生变化。若对流十分活跃，海洋就没有那么深，还会淹没大陆。法国南部长满珊瑚和贝壳的斑斓峭壁，便是那一时期的见证。彼时，受地球内部动力的影响，法国的大部分地区皆位于水下。

如今，研究者试图理解这些地质现象背后的关联以及地幔动力的作用。科学家们寄希望于建模技术的发展。他们仰赖物理理论，要么运用计算机技术找出能够描述这种流动的数学模型，就像为天气建模一样，要么在实验室里用复杂的流体模拟岩石形变。我们仍不知道地幔的底部为何物。地震学家发现其中藏着一些"神秘大陆"，位于非洲和太平洋之下，幅员辽阔，但化学成分与周围物质迥异。那里的火山熔岩或许蕴藏着从神秘大陆逃逸的岩石的信息。地球化学家和地球物理学家认为它们形成于地球历史早期，距今可能超过35亿年。厘清地球表面和内部的关系能帮助我们理解地球表面环境的演化以及物种灭绝和地球内部活动之间的关联。

厘清地球表面和内部的关系能帮助我们理解地球表面环境的演化以及物种灭绝和地球内部活动之间的关联。

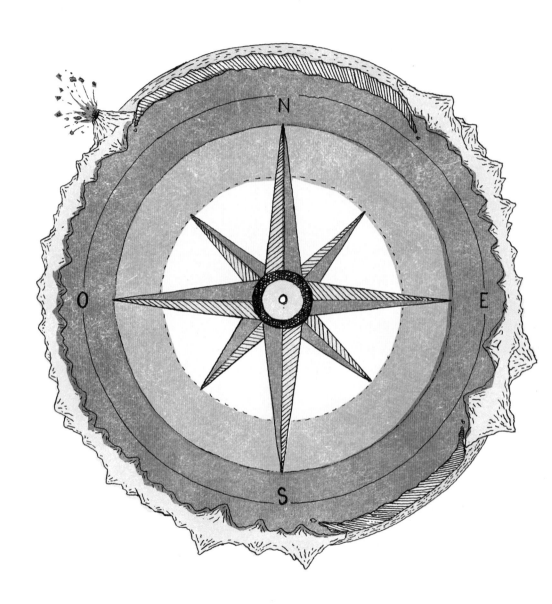

8 地核：极具"吸引力"的地球心脏

地核是地球的心脏，由以铁为主的金属组成。地核外层是由熔融物质组成的深洋，并在不停地运动。由于金属是导体，在地外核流动时会像发电机一样产生电流和能从地表观测到的磁场。古地磁学家根据地核中具有磁性的岩石重构了地磁的演化，特别是地磁极倒转：如今的南极曾经多次是地磁上的北极。尽管在物理理论和强大计算机的帮助下我们能够重现地磁倒转，但它仍有诸多神秘之处，一如它们对地球生命演化的影响。

扁平状的地球两极

巴黎皇家科学院曾派遣科学家测量地球1度经线的长度在赤道和北极是否都相等，参与测量的科学家包括皮埃尔·布格（Pierre Bouguer）、拉·康达明（La Condamine）、朱西厄（Jussieu）、摄尔西乌斯（Celsius）、勒·莫尼尔（Le Monnier）和莫佩尔蒂（Maupertuis）。1737年，两支测量队伍分别抵达厄瓜多尔和拉普兰。于是我们知道了，地球上纬度1度的经线弧长在赤道处比在极点处略短。也是从那时起，我们知道了地球在地极处呈扁平状。这种扁平特征不仅仅是由地球自转造成的，地球中心的密度必须比地表大很多。因此，地球的形状已经暗示地球有一个密度非常大的内核。1600年，威廉·吉尔伯特（William Gilbert）就已经提出地球内核是金属质地的。他搭建了一个磁性球体，并用罗盘模拟了人们在地球表面做的测量。在他看来，地球中心存在一个巨大的金属磁体。

地核：被层层包裹的小小种子

在研究地震信号的过程中，科学家们很快发现可以对地球内部进行探测。在强烈的地震之后，地震波会在不同圈层之间来回反射，就像光线在水面上反射一样。1912年，地震学家本诺·古登堡通过观察一次地震后的地面震动，发现地核是真实存在的。地核在地震中体现的特性与岩石密布的地幔截然不同。想象一种由一列分子构成的材料：在固体中，它们之间联系紧密，就像用绳索将彼此连在一起。如果我们晃动这列分子的一端，运动便会从一个分子传递给另一个分子。而如果是在液体中，分子之间的联系就没有那么紧密，运动

也就无法传递，因为有些"绳索"并不存在。以此类推，人们认为地核中剪切波（S波）的缺失源于地核中充满熔融状态的物质，因而位于地下2 900千米深的地核也就是液态的了。而要一直等到1936年，地震学家英奇·雷曼（Inge Lehmann）经过大量研究才发现，在这个液体世界的中央，也就是距地面5 150千米深的地方，存在一个固态核心，一个位于地球中心的小核。它的地震特性与包裹着它的液态外核较为接近，但是S波可以穿过。

地核的化学成分也引发了一系列猜想。由于人们无法接近地核，20世纪上半叶的地球化学家将目光转向能代表其他天体内部成分的岩石——陨石。若不论氢和氦，这些陨石的化学组成与太阳相似，绝大部分主要由氧、硅、镁和铁组成。人们注意到它们还有一个显著特征，有两种迥然不同的物质会同时出现：以橄榄石为代表的硅酸盐，以及铁占比达到90%的金属。地核由铁组成的假说由来已久，随着地球化学的不断发展，用最古老的陨石代表45亿年前形成地球的原料越发可信。流星深处蕴藏着正在成形的行星奥秘，在猛烈的撞击中飞了出来。有了这些作为地球基本组成物质的参考，人们进行了众多理论和实验研究，希望能在实验室中制造出最匹配地震学推论性质的材料。20世纪50年代，对纯原料（硅、镁、铁、镍等）进行挤压，再加上哈佛大学教授弗朗西斯·贝切对物质在高压下以何种方式挤压在一起的理论研究，使得我们可以在密度和声波的传播速度（地震波是一种声波）之间建立起简单的联系。地震学和对地球引力的研究让人们得以估算地球内部的密度以及声音的传播速度，科学家便能将这些"观察结果"和实验室的研究进行对比。尽管科学家们倾向于地核由有着金属光泽的致密硅酸盐组成，但实际上它可能是由大部分的铁与其他更轻的元素形成的合金组成。多年以来，那些更轻的元素种类仍无法确定。

对地核的探测困难重重

地质化学家试图提出解释方案。他们的方法基于这样一种假设：原始球粒陨石代表了形成地球的物质。这样，我们就可以获得地球最初的化学组成。只要从中剔除地幔和地壳中所含的化学元素，我们就可以得到地核的组成成分，不会有一点差池。然而，这其中困难重重，特别是假说本身。尽管如此，科学家们一致同意地外核中含有80%的铁和5%的镍，可能还有硅、氧、碳和硫。为了深入探究，他们模拟地球中心的极

地核温度在5 000摄氏度至6 000摄氏度，与太阳表面温度相仿。

端条件，对合金进行高温高压实验。这同样需要地幔研究中使用的金刚石压砧挤压微小的金属样本。激光穿过透明的金刚石，将合成材料的微核加热至数千摄氏度。具有数百米环形轨道的同步加速器可以产生强烈的X射线，能够探测物质内核。在它的帮助下，科学家模拟出了近似地下3 000千米处存在的物质。地质学家因而得以分析这些微小样本在地核难以想象的条件下所具有的特性。我们可以确认的是，地核温度在5 000摄氏度至6 000摄氏度，与太阳表面温度相仿；固态的地核同样富含铁质，还含有一定种类尚无法确认的、更轻一些的元素。

地球磁场像台发电机?

在这样的温度条件下，没有一种已知材料能保有自身的磁性，哪怕它是金

属。其实，磁性来自晶体内部的电流，若材料被加热，材料内部产生电流的电子就会加速运动，最终分解。威廉·吉尔伯特弄错了：地核并不具有磁性。然而，对地球表面的磁性进行数据分析得到的结果是确凿无疑的：90%的地磁场源于地球内部，其余部分来自太阳磁场和大气。地磁起源一直是物理学上的未解之谜，连爱因斯坦也疑惑不解。20世纪下半叶诞生了一项与地磁场有关的理论。科学家们提出地外核就像一个自行车使用的发电机，会产生电流和磁场。感应原理早已被发现：当导体与周围磁场发生相对运动，导体中就会产生电流。液态的地外核充满金属，哪怕在极端温度下磁性消失，它仍是导体。因此，能创造出地球内部运动的过程应该也能生成地球发电机。

与海洋里的情形相同，地球自转也会使液态内核产生漩涡。此外，地球正在冷却，因而就会产生从地球深处炽热地带升至上层温度稍低之处的上升流，有点像沸水在锅中涌动。随着地球不断地冷却，熔化的金属一点点凝结，地内核的体积便会增大。而轻元素就扮演了抗凝结剂的角色。铁在凝结时，它们会逸出到液体中形成上升流。最后，伴随着地球自转和地核形成出现的这些现象会产生强大的流体运动。创造并维持发电机运转的过程复杂多样，科学家们致力于解开地球发电机理论中的奥秘。首先，他们尽可能地完善假说和数学模型，但光有运动的导体，地球发电机无法运转。某些流体结构会摧毁整个系统。另外，发电机的运转只需要一点点能量，几万亿瓦就行。不妨想象一下：吸收21分钟的太阳能量就足以维持地球发电机全年的活动。但是显然，太阳的能量无法进入地球内部。

人们已经在实验室中模拟出地球发电机的物理条件。格勒诺布尔的一支实

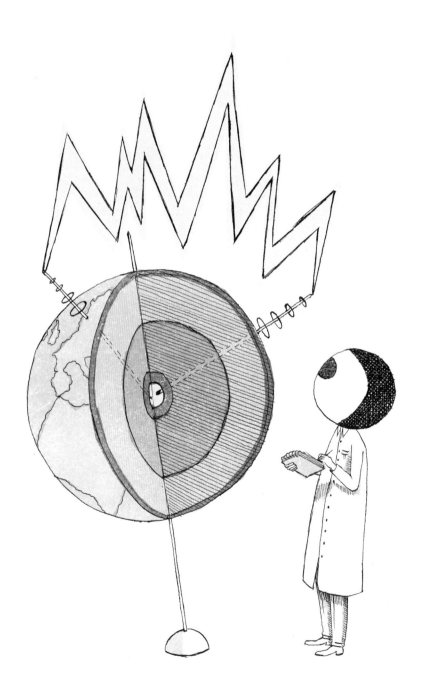

验室团队设计了一个能快速自转的球体，类似缩减版的地核模型，配有磁性测量装置和众多感应器。向球体注入液态金属钠，它就变成了一个导体，液态钠十分活跃，接触到空气或水便会燃烧。科学家启动了这个系统，希望它能成为一个可维持自身电力的发电机。类似的实验也在世界上的其他地区展开。许多人梦想着只要产生电流，就能自动激发实验室里的地球发电机。最令人感到前景可期的是，我们观察到磁场极化发生混乱的自发倒转现象，至今还不到10年的时间。

总是倒转的地磁极性

自20世纪20年代起，我们就知道地球磁场在漫长的地质年代里倒转过许多次。日本物理学家松山基范注意到距今超过78万年前的更新世玄武岩记录着与现今磁场相反的地磁信息。地磁北极过去往往与地理南极吻合，反之亦然。研究这些远古的玄武岩，我们很快重建了岩石形成时期的地磁场。而对海底岩石的磁性研究在板块构造理论诞生之初扮演着重要角色。首先，在过去的两亿年里，海底的玄武岩像唱片一样持续记录着地磁场的信息。与现今的地磁场相比，古老的玄武岩所记录的信息大为不同，我们称为"地磁异常"。通过研究这些异常在洋脊两侧的分布，科学家们发现岩石的上升和下降让大洋地壳不断更新。后来，对大陆岩石的古地磁学研究向我们展示了一个不可思议的事实：地球大陆是在过去的20亿年里抬升至地表的。

迄今为止，我们仍不知晓为何地磁会发生倒转。地磁倒转经常发生，毫无规律可言。磁场会先变得不稳定，但持续时间不长，随后磁极就会倒转，混乱之后，地磁场又会稳定很长时间，这就是我们所说的"极性超时"。然而，近期的研究表明，各大陆板块的地理分布似乎与磁场的稳定性存在关联：大陆板块在南北半球分布得越均匀，地磁场就越稳定。这表明地幔对流和地核对流之间可能存在大规模耦合。与此同时，数学和计算机领域的进步让我们得以用数学方法解开地球发电机理论的方程。自20世纪90年代起，数字发电机登上科研舞台。它们已经表现出偶极场的特征，还会发生磁极的突然倒转，就像在地球上一样。此后，

> 观测表明，地磁北极在过去的150年里逐渐向西伯利亚运动，每年移动15千米，而从20世纪90年代末开始，偏移开始加速，达到每年60千米。

模型不断得到优化，并告诉我们存在一些能够影响磁极运动的快速现象。观测表明，詹姆斯·克拉克·罗斯（James Clark Ross）首次精确定位的地磁北极在过去的150年里逐渐向西伯利亚运动，每年移动15千米，与蜗牛爬行速度相仿。而从20世纪90年代末开始，偏移开始加速，达到每年60千米。然而我们并没有在地磁南极观察到类似的变化。数学计算暗示我们，在俄罗斯的下方，地核中磁性结构的移动是造成这个现象的原因。

我们一生中至少能经历一次地磁场变化

　　要不是地球磁场能保护我们不受太阳射线侵袭，这个问题根本无足轻重。大气层上部有一块被称作电离层的区域，能够过滤最强烈的太阳辐射，究其根源是因为地球磁场和太阳风（太阳释放的连续等离子流）在此交锋。当太阳粒子流达到最强，这种交锋便会形成美丽的极光。如果地磁倒转，地球磁场强度

变为最小，又会发生什么？强烈的宇宙射线会抵达地表吗？我们知道太阳风暴会造成严重灾害。1989年的太阳风暴让魁北克的电力系统停摆数个小时。为了探究地磁倒转和导致地球90%以上物种消失的大灭绝之间可能存在的联系，人们提出了许多假说，尽管并无定论。最近，法国研究者发现，尼安德特人缓慢灭绝的时代，地球磁场十分微弱，还发生了短暂的倒转。这只是一个巧合，还是说我们需要像研究者一样看到两者之间存在的因果关系：地磁场强度减弱使大气发生变化，并导致了我们人类祖先可怜近亲的消亡？

　　地磁场变化迅速，人在一生中就能经历。十几年来，受到气象学家预测天气的启发，科学家试图运用计算机程序预测地磁变化。如今，地面磁场的测量主要由欧洲航天局于2013年发射的三颗"蜂群"人造卫星进行。这种数据库结合了最强大的计算机程序和算力，已经被用来搭建地核磁场结构，今后也能用来预测地表磁场的演化。然而，计算机并不是万能的，由于地核活动太过强烈，所需精度在今天尚无法企及。有人认为我们需要

等离子态

等离子态是物质的四大状态之一，其他三种分别是气态、固态和液态。当物质被加热到极高温度（大约2 000摄氏度）或是被置于极其强烈的电磁场中（借助激光或微波发生器），就会变成等离子态。日冕就是等离子态。

描述流体在两种单位层级上的运动，一种以米为单位，另一种以1 000千米为单位。我们能够从地表观测地核，说明我们视力敏锐。尽管如此，虽然有丰富的数据，我们依然难以描绘液态金属在地下3 000千米处的运动情况。

地球矿物：
天然宝藏

18世纪末，巴黎国家自然博物馆教授、现代结晶学奠基人阿雨神父（René-Just Haüy）认为矿物由地球上天然存在的94种化学元素中的一种或多种组成，已知的矿物结晶结构有7种。而钻石、石英、祖母绿、红宝石、黄玉、翡翠等矿石自蒙昧时代起就为人所知。不过，它们来自哪里呢？

耀眼又神秘的布氏岩

2014年11月28日,《科学》杂志报道了一项古怪的发现:来自美国的研究团队在 Tenham L6 陨石中发现了一种新型矿物。这位"天外来客"属球粒陨石,由大量岩石球粒组成,小小的球粒见证了太阳系诞生的瞬间。1879年,Tenham L6 坠落在澳大利亚西部,重约160千克。它更是一位"明星",我们在它身上发现了两种新型矿物,布氏岩是第二种。

国际矿物学会将之命名为布氏岩,以纪念诺贝尔奖获得者、高压矿物物理研究的先驱珀西·布里奇曼。这种新的矿物由硅酸镁组成,但在陨石中含量极少,需要使用同步加速器才能探测到。同步加速器异常庞大,可以加速直径达数百米的粒子,当其中所含的电子以接近光速的速度运动时,就会产生高能X射线,这样我们就能从纳米级别尺度分析物质。研究人员发现,布氏岩形成于陨石撞击地球的瞬间,巨大的冲击产生的高温高压近乎地表下700千米处的状况。40年前我们就已经能人工制成布氏岩,那么为何要到2014年我们才在陨石中发现占地球体积40%的天然布氏岩?

在阿雨的时代,人们只认识100多种矿物,并且相信它们能够疗愈疾病。人们对紫水晶的痴迷可以上溯至古罗马时期,它装点着所有主教的戒指。到了19世纪,博物学家发现了大量的矿物,1890年,已发现的矿物类型达800种,1920年,数值翻越1000大关。20世纪50年代末,美国国家标准学会(ANSI)的研究员革新了工艺,颠覆了人们过去对地球内部矿物和内部结构的认知:前文提到过的金刚石压砧将再次大显身手。我们把岩石标本放进机器的两颗金刚石之间,就能挤压岩石标本。1974年,时任澳大利亚国立大学研究员的中国台

湾学者刘玲根合成了一种具有钙钛矿结构的镁硅酸盐，1962年已经有证据表明这种矿物广泛存在于地球内部。但1958年成立的国际矿物学协会（IMA）坚持必须在自然界中找到这种矿物，才能为之命名。直到2014年，人们才在陨石中找到这种地球上蕴含最丰富的矿物，并为它定名。布氏岩之于矿物学的意义相当于希格斯玻色子之于量子物理。布氏岩理应存在，只是我们没有见过，正如在大型强子对撞机出现之前，我们无法验证希格斯玻色子的存在一样。

我们对地球内部矿物成分的认识其实是建立在实验室研究和陨石研究两者的结合之上的，一边是实验室里未命名的矿物，一边是地外陨石里的发现。在金刚石砧压机的帮助下，人类在2016年获得了1太帕（TPa）的高压，是地核压力的3倍。我们用这种方法合成了数十种新的矿物，但在我们从陨石中发现它们之前，它们都无名无姓。布氏岩无疑是

我们对地球内部矿物成分的认识其实是建立在实验室研究和陨石研究两者的结合之上的，一边是实验室里未命名的矿物，一边是地外陨石里的发现。

陨石矿物名人堂里最耀眼夺目的那一类，但它并不孤独。斯石英是石英的一种高压形态，密度达到石英的两倍。它先于1961年在实验室被合成出来，又于次年在巴林杰陨石坑中被发现。尖晶橄榄石的发现与此如出一辙，1964年，泰德·林伍德（Ted Ringwood）在实验室中合成了这种矿物，随后人们在Tenham L6陨石中发现了它。

橄榄石是太阳系中分布最广的矿物之一，但几乎没什么人知道，相比之下，作为珠宝的橄榄石则更为人所知。橄榄石呈橄榄绿色，有些偏棕或偏黄，是陨石中含量最多的矿物，以球粒陨石为最。月球甚至火星上都能发现它的身

影。橄榄石在地球上的含量仅次于布氏岩，是距我们脚下30千米深的上地幔的主要成分，在玄武岩和辉长岩这两种由岩浆形成的岩石中都有分布。岩浆由气体、晶体和熔融状态下的熔岩组成，在升至地表的过程中刮擦着裂缝的壁面，剥下小块物质并以包体的形式将它们带上地表。岩浆通过这种方式带给我们大量途经岩石的标本，而它的旅程总是从岩浆之母——橄榄岩开始。有时，熔岩带出的橄榄岩含有其他矿物，比如钻石。

我们脚下有片海洋？

我们能在宇宙中找到形成于太阳系诞生之前的金刚石，但地球上的金刚石都形成于地球诞生之后。它们位于地下150千米深的地方，具有热力学稳定性。在大气压的作用下，金刚石会转变成石墨，但在普通大气温度下发生得非常缓慢。不过，倘若你把金刚石放进炉子里加热至1 500摄氏度，你就能收获一枚可在纸上书写的铅笔芯。地表之上的金刚石都是被岩浆裹挟着，以很快的速度从地球深处上升至地表的，这样它们才不会在中途变成石墨。因此，每一粒小小的金刚石都是来自地球深处的信使，然而有的金刚石埋藏得更深一些。因为尽管大多数钻石来自地下150千米至200千米的地方，但迄今为止，仍有极少量金刚石（不到150颗）来自更深的地方。正如岩浆可以带走含钻石包体的橄榄石一样，钻石也能把含有地球深处物质的微小包体带上地面。其中就有一颗来自巴西马托格罗索州的10毫克小钻石。2014年，人们在这枚金刚石里发现了起源于地幔的尖晶橄榄石。微小的包体证明了我们的地球矿物学模型是正确的。距我们脚下410千米深的地方可以找到尖晶橄榄石，但它又与我们在陨石里找到的有所不同。地球内部的尖晶橄榄石含水量约为1.5%，水分以包体的形式存在，都溶解在它的固态晶体结构之中，有点类似溶解在牛奶中的巧克力。自从我们在地球上找到尖晶橄榄石之后，我们可以想象地球上99%的水都储存在这种位于地下410千米深的蓝色矿物的晶体结构之中。

如今统计出的矿物多达4 750种，而我们只在陨石中发现了其中的250种。这也就意味着，剩下的4 500种可能都是我们这颗星球所特有的，大多数含水矿物皆属此列，比如蛋白石、玛瑙、石膏、黏土、云母和滑石等。蛇纹石是一类地球上含量最丰富的矿物，结构中的含水量最高可达15%。它是橄榄石与洋底热液通道中流动的水发生水化作用的产物。水化作用会释放热量和氢气。在某种程度上，我们可以说，地球在洋底通过那些神奇的黑色通道吸收水分并呼出氢气。地球呼出的氢气是驱动洋底生命发展的能量之源。来自太古宙的生命在幽暗无光的深渊之底繁衍生息，科学家们对此争论不休：有人对这就是地球生命真正的起源深表质疑。蛇纹石与水，与橄榄石，与生命紧密相连，但它绝非个例。据估计，4 750种已知矿物中有70%都与生命存在这样或那样的联系。

> 在如今统计出的4 750种矿物中，只有250种在陨石中有所发现，剩下的4 500种可能都是我们这颗星球特有的。

矿物：地球所特有，与生命共生

当地球的生命演化爆发达到顶峰之时，矿物也迎来了多样性的大爆发。38亿年前，一种原始的细菌生命形式——叠层石能够沉淀出一种名为文石的碳

所有这些地球上特有的、与生命共生的矿物，支撑并塑造着我们熟知的世界，它们都是地外矿物向地球矿物缓慢演化的产物。

酸盐矿物。如今，我们仍能在澳大利亚西部的海岸上找到叠层石。20亿年前，光合作用使赤铁矿之类的新型铁氧化物出现，它们沉积在所有大洋之中，形成了带有红色条纹的岩石。5.6亿年前，大量多细胞动物突然出现，地球迎来了寒武纪生命大爆发，动物与植物携手征服大陆。与此同时，出现了数百种新型矿物，它们之中有牙齿和骨骼中的磷酸钙、眼睛晶状体中的生物矿、抹香鲸分泌的龙涎香和树木分泌的树脂形成的琥珀、软体动物产生的珍珠母以及组成它们外壳的文石、构成节肢动物外骨骼的甲壳素、植物细胞壁里的纤维素，以及构成腐殖质的所有黏土矿物（腐殖质源自黏土矿物的根基与微生物的共生）。所有这些地球上特有的、与生命共生的矿物，支撑并塑造着我们熟知的世界，它们都是地外矿物向地球矿物缓慢演化的产物。

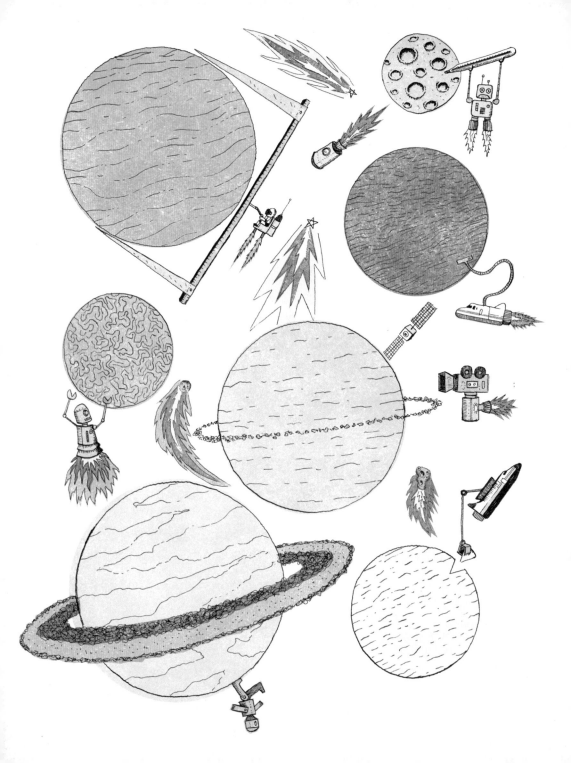

10 遥望无尽宇宙

遥望宇宙是人类自我审视的方式之一。宇宙和星辰一直吸引着人类的目光。自古希腊人的早期天文发现以来，对天空的观测及其方法在20世纪飞速发展。如今，我们知道得更多。在银河系最遥远的地方，我们发现了上千颗千姿百态的行星，尽管对它们知之甚少。对它们的研究能让我们读懂地球：观察宇宙让我们明白是什么构成了这颗星球的细节，又是怎样的微妙平衡塑造出今日的地球。

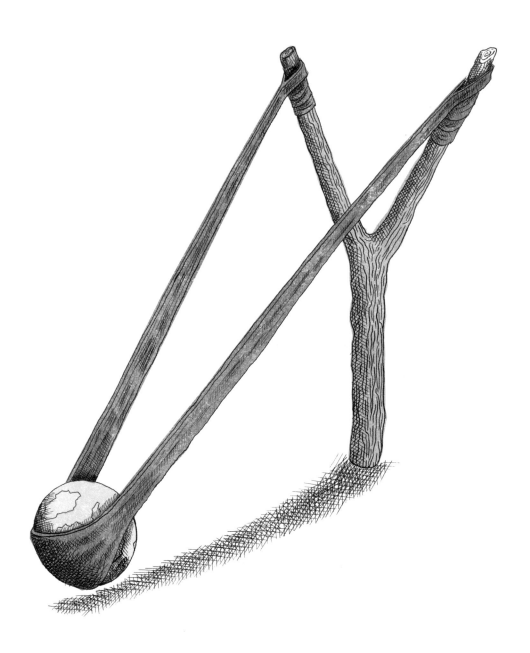

从罗马帝国开始，一星期里的每一天分别命名自肉眼能直接观察到的七颗星体：太阳、月亮、火星、水星、木星、金星和土星。公元前500年，木星在黄道十二宫的十二年运行周期成就了古巴比伦天文日历。太阳、月亮和这5颗行星对我们而言是那样熟悉，它们潜进了人类思维深处，自人类文明伊始，我们就根据它们度量时间。奇怪的是，我们才刚刚开始认识并试着了解这些太阳系里的邻居……

1610年1月7日，伽利略透过望远镜首次观察到了木星最大的四颗卫星（木卫一、木卫二、木卫三和木卫四），他灵光乍现：木星与环绕着它运行的卫星组成的系统正像一个缩减版的太阳系。这一想法符合哥白尼于1543年提出的理论：地球和其他星球都是绕着太阳旋转的。教会猛烈抨击他的观点，宗教裁判所判处他禁足在家，直到7年之后离世，仅仅是因为他让被蒙昧主义掩盖上百年的真理重见天日。观察其他行星以及它们在空中的运行轨迹，为研究天体力学还有我们这颗星球的运动奠定基础，伽利略所付出的代价就是其作品被当时最具权势的机构列入禁书目录。

还是在1610年，伽利略观察了土星，并对它的"耳朵"做了详细描述。1655年，惠更斯意识到这些耳朵其实是坚固的环，并发现了土星最大的卫星"土卫六"。他将这些地外"月亮"称为"卫星"（satellite），源自拉丁语词汇"satelles"，意为"守卫"或"伴侣"。1781年3月13日，威廉·赫歇尔（Wilhelm Herschel）发现了一颗神秘的天体，一开始他误以为是彗星。到了1783年，人们才知道那是前人毫不知晓的天王星。1846年8月31日，法国数学家奥本·勒维耶（Urbain Le Verrier）通过分析天王星运行轨迹的干扰，在法兰西科学院当众预测一颗新行星的存在。他的法国同仁对此兴趣寥寥，于是他将这颗无人知晓的行星在夜空中可能的坐标寄给德国天文学家约翰·戈特弗里德·伽勒（Johann Gottfried Galle）。1846年9月23日，身在柏林的伽勒收到了这封信，当夜他确认了这颗星球的存在。同年12月29日，海王星诞生了。

2015年7月，美国国家航空航天局的"新地平线号"探测器抵达冥王星外围。冥王星是太阳系中距太阳最遥远的行星，最近刚从九大行星里除名。这也是人类迄今为止探索的最远距离。在不到50年的时间里，我们接连踏上月球，"登陆"火星和金星，甚至还捉住了一颗有着难以置信的名字"楚留莫夫－格拉希门克"的彗星，向它投放了一个小机器人"菲莱"。这些空间探测器掠过太阳系中的所有行星，一直飞行到太阳系边缘。它们一路探索发现，绘制图像，精确测量，为我们呈现出一个个未知的世界。1997年发射的小型登陆器"惠更斯号"，在8年之后终于抵达土星最大的卫星土卫六的表面。它向运载它的探测器"卡西尼号"传回了474兆字节的数据。橙色的图像展示了这颗冰冷的星球上遍布由碳氢化合物构成的河流和湖泊。更令人兴奋的是，日本于2003年发射的"隼鸟号"探测器在两年之后登上"糸川"小行星。探测器如蜜蜂采蜜般收集了约60毫克的地表岩石，并将之运回地球。2010年，人们在实验室里拆开了这个珍贵的包裹并对它的化学成分进行了分析，结果表明小行星诞生在太阳系形成之初的百万年里。

1919年，埃德文·哈勃回到了洛杉矶威尔逊山天文台。当时，天文台吹嘘自己已经组装好了世界上最大的望远镜，直径达2.5米。与如今最大望远镜的10米直径相比，这什么都算不上，但正是这台望远镜让哈勃在1923年发现仙女座星系不在银河系内，而位于银河系之外。人们原以为它是银河系内的星云，结果是——另一个星系。如果存在银河系以外的其他星系，那就说明宇宙比我们当时想象的要大得多。

然而，这些遥远的星系难以企及，还是让我们将精力集中到我们所在的银河系上来。银河系是一个直径约20万光年的螺旋星系，包含2 000亿至4 000亿颗恒星。然而，30多年来，我们已经能够确认有些恒星可能具有行星系统。这里所说的是太阳系外的行星，它们有时与太阳系中的行星相似，但往往非常不同。那些行星非常遥远，有时能被探测到，因为它们改变了恒星发出的光，或使之偏转。虽然对它们了解不多，但截至目前我们已经探测到了大约4 000颗。新的太空任务将去寻找其他系外行星。目前，我们重点研究它们的质量、成分、自转机制以及表面气候。巨蟹座55E（55 Cancrie），朝着恒星的一面被熔融的岩浆之海覆盖；TrEs-2b不反射光，是一颗黑暗的星球，原因至今不明；天大将军六B（Upsilon Andromedae B）总是以同一面朝向恒星，使得朝向恒星的那一面灼热如火，另一面寒冷似冰，测量数据显示两侧温差超过1 000摄氏度。

我们为何研究这些行星呢？再者说，为什么要研究太阳系里的其他行星呢？姑且认为我们能解决所有技术难题，往返火星需要3年时间，而首个离开太阳系的人造物——旅行者1号用了35年才抵达冥王星外围。上一个探测到的离我们最近的系外行星，是围绕距离太阳最近的恒星——半人马座的比邻星运转的一颗行星，距我们大约4.2光年。换句话说，以光速飞行也需要4年多……配有小如手机、受地球发射的超能激光驱动的新型探测器，旅程可以持续20多年。这就是2018年辞世的霍金生前组织的未来学项目"突破摄星"计划。

让我们继续向前。木星由氢和氦组成，是一颗巨大的气态星球。在那里，我们无法驻足，无法呼吸。木星上没有液态水，表面的重力加速度（将我们拽向地面）是地球引力的3倍，不太适合居住。金星是每天清晨最后一颗从视野里消失的星球，有着与地球近似的质量，表面布满有着5亿年历史的火山熔岩流。山脉、环形山还有深谷雕刻出金星独特的地表起伏。不管怎么说，这些结构无法用肉眼看见，浓黑的大气层将它们遮蔽，金星大气中二氧化碳的含量高达95%，气压比地球高100倍。强烈的温室效应炙烤着金星，科学家们测得的平均温度可达460摄氏度！完全不宜居。"战争女神"水星，比地球小得多，但死气沉沉。水星表面坑坑洼洼，都是太阳系诞生之初陨石猛烈攻击留下的痕迹。自那以后，再没有发生过任何改变这些陨坑的地质活动。没有一点大气，没有板块构造活动，没有水，没有生命。然而，水星金属内核的活动依然在产生磁场，没有消失。

特别是当我们在火星上探测到一种有液态水才能形成的矿物后，火星上曾经存在大量液态水，似乎越来越被人们所接受。尽管付出了种种努力，我们仍未能观察到任何生命的痕迹。我们离发现一颗宜居的星球还很遥远。

火星的各项条件似乎更加友好。美国国家航空航天局向火星派遣了许多小机器人，最近的一个是2012年起在火星表面探测的"好奇号"，而2004年登陆火星的"机遇号"，在火星表面行走了近一个马拉松的距离。随着ExoMars任务第一阶段完成，7个轨道飞行器将行星表面图像快速传回地球。图像的精度空前之高，分辨率最高可达十几厘米。有关火星地质和大气方面的发现接踵而

至。特别是当我们在火星上探测到一种有液态水才能形成的矿物后，火星上曾经存在大量液态水、北半球甚至曾被古大洋覆盖，这种说法似乎越来越被人们所接受。尽管付出了种种努力，我们仍未能观察到任何生命的痕迹，只有最近探测到的有机分子保持着悬念。我们离发现一颗宜居的星球还很遥远。

这或许只是时间问题，因为外星环境地球化的幻想，也就是通过技术和气候改造工程将星球打造成适宜人类居住的家园，与美国百万富翁希望将人类送往其他星球以保护物种的梦想不谋而合。私人公司已经开始探索小行星和月球上的丰富矿藏，这比洋底开发更加可行。但科学家仰望星空并不是因为这些，而是为了寻找差异，为了认识和理解我们所存在的宇宙，特别是想要更多地了解我们所生活的地球。怎样的物理机制让与地球有着诸多相似之处的火星变成一颗红色的星球？水星的温室效应会发生在地球上吗？当地球的核燃料枯竭，板块构造活动停下脚步，会发生什么？

地球和太阳的相对位置、地球转动的速度、地球的质量和组成都是生命诞生不可或缺的条件。观察天空是为了认识人类自己，为了更好地理解经我们大肆改造后的环境会做出怎样的反馈。同样，从行星框架分析古代的气候、海洋和大陆，能使我们设想未来可能会出现的情况。为了理解人类在地球上的旅程，展望人类之后的地球，我们不仅要探寻刻在脚下岩石中的过往，还要仰望天空，探索遥远的他方之土。

延伸阅读

Une révolution
dans les sciences de la Terre, Anthony Hallam,
Points Seuil, 1976

Expédition FAMOUS,
Claude Riffaud
et Xavier Le Pichon,
Albin Michel, 1976

Les montagnes sous la mer, Adolphe Nicolas,
BRGM Éditions, 1999

Les volcans, Claude Jaupart, Flammarion –
Dominos, 1998

La physique et la Terre,
Henri-Claude Nataf et
Joel Sommeria, Belin, 1998

Enfants du soleil : histoire
de nos origines, André Brahic, Odile Jacob, 1999

10 sur l'échelle de Richter,
Mike McQuay,
Arthur C. Clarke,
J'ai lu, 1999

Les feux de la Terre :
histoire de volcans,
Maurice Krafft,
Gallimard, 2003

La carte qui a changé le monde, Simon
Winchester,
JC Lattes, 2003

Le tremblement de terre
de Lisbonne, Jean-Paul Poirier, Odile Jacob,
2005

L'intérieur de la Terre
et des planètes, Agnès Dewaele et Chrystèle
Sanloup,
Belin, 2005

Les dinosaures,
Peggy Vincent
et Guillaume Suan,
Gisserot Éditions,
2008

Tokyo, magnitude 8,
Usamaru Furuya,
Panini Manga, 2009

Terre de France,
Charles Frankel,
Points Seuil sciences,
2010

La tectonique des plaques, Margaux Motin,
Delcourt, 2013

Voyage au centre de la Terre,
Jules Verne,
Folio classique, 2014

Pourquoi la Terre tremble,
Pascal Bernard, Belin, 2017

Terre, Thomas Pesquet,
Michel Lafon, 2017

Météorites, à la recherche
de nos origines,
Mathieu Gounelle,
Champs Flammarion,
2017

Quand la Terre tremble.
Séismes, éruptions volcaniques
et glissements de terrain
en France, Sous la direction
de Christiane Grappin
et Éric Humler,
CNRS Éditions, 2019